Manuel Boog

Steigerung der Verfügbarkeit mobiler Arbeitsmaschinen durch Betriebslasterfassung und Fehleridentifikation an hydrostatischen Verdrängereinheiten

Karlsruher Schriftenreihe Fahrzeugsystemtechnik
Band 4

Herausgeber
FAST Institut für Fahrzeugsystemtechnik
Prof. Dr. rer. nat. Frank Gauterin
Prof. Dr.-Ing. Marcus Geimer
Prof. Dr.-Ing. Peter Gratzfeld
Prof. Dr.-Ing. Frank Henning

Das Institut für Fahrzeugsystemtechnik besteht aus den eigenständigen Lehrstühlen für Bahnsystemtechnik, Fahrzeugtechnik, Leichtbautechnologie und Mobile Arbeitsmaschinen

Eine Übersicht über alle bisher in dieser Schriftenreihe erschienenen Bände finden Sie am Ende des Buchs.

Steigerung der Verfügbarkeit mobiler Arbeitsmaschinen durch Betriebslasterfassung und Fehleridentifikation an hydrostatischen Verdrängereinheiten

von
Manuel Boog

Dissertation, Karlsruher Institut für Technologie
Fakultät für Maschinenbau, 2010

Impressum

Karlsruher Institut für Technologie (KIT)
KIT Scientific Publishing
Straße am Forum 2
D-76131 Karlsruhe
www.ksp.kit.edu

KIT – Universität des Landes Baden-Württemberg und nationales
Forschungszentrum in der Helmholtz-Gemeinschaft

KIT Scientific Publishing 2011
Print on Demand

ISSN 1869-6058
ISBN 978-3-86644-600-7

Vorwort des Herausgebers

War es früher üblich, vom Fahrer an Fahrzeugen regelmäßig Wartungs- und Kontrollarbeiten durchzuführen, so erwartet er heute einen störungsfreien Betrieb, wenn er regelmäßig vorgeschriebene Inspektionen durchführen lässt. Dies hat dazu geführt, dass Verschleißteile zumeist in Abhängigkeit eines fest vorgegebenen Zeitintervalls ausgetauscht werden. Dieser Austausch ist häufig verfrüht da die Verschleißgrenze noch nicht erreicht. Aus diesen Gründen wird heute an Methoden geforscht, diese Teile erst nach Ablauf der tatsächlichen Einsatzzeit zu tauschen. Solche Methoden unterstützen Entwicklungen mit dem Ziel, neue Fahrzeugkonzepte mit den Eigenschaften Energieeffizienz, Sicherheit, Benutzerfreundlichkeit und Kosten zu entwickeln.

Die Karlsruher Schriftenreihe Fahrzeugsystemtechnik will hierzu einen Beitrag leisten. Für die Fahrzeuggattungen Pkw, Nfz, Mobile Arbeitsmaschinen und Bahnfahrzeuge werden Forschungsarbeiten vorgestellt, die Fahrzeugtechnik auf vier Ebenen beleuchten: das Fahrzeug als komplexes mechatronisches System, die Fahrer–Fahrzeug–Interaktion, das Fahrzeug im Verkehr und Infrastruktur sowie das Fahrzeug in Gesellschaft und Umwelt.

Band 4 entwickelt am Beispiel einer hydraulischen Axialkolbenpumpe eine „belastungsabhängige Wartung" als neues Instandhaltungskonzept. Auf Basis der Bestimmung von Betriebslasten erfolgt dabei eine Abschätzung der Restlebensdauer.

Es wird zudem ein Zusammenhang zwischen der Belastung, dem C&C–Modell sowie der Lebensdauerabschätzung hergestellt. Hierdurch ergibt sich die Möglichkeit, Schädigungsmechanismen direkt in Bezug zu dem C&C–Modell, dessen Leitstützstrukturen und Wirkflächenpaaren, zu bringen.

Zudem werden Möglichkeiten der Fehlererkennung und deren Identifikation aufgezeigt.

Karlsruhe,
im Oktober 2010

Prof. Dr.-Ing Marcus Geimer

Steigerung der Verfügbarkeit mobiler Arbeitsmaschinen durch Betriebslasterfassung und Fehleridentifikation an hydrostatischen Verdrängereinheiten

Zur Erlangung des akademischen Grades
Doktor der Ingenieurwissenschaften
der Fakultät für Maschinenbau
Karlsruher Institut für Technologie (KIT)

genehmigte
Dissertation
von

Dipl.-Ing. Manuel Boog

Tag der Mündlichen Prüfung: 20. Oktober 2010
Hauptreferent: Prof. Dr.-Ing. Marcus Geimer
Korreferent: Prof. Dr.-Ing. Dr. h. c. Albert Albers

Kurzfassung / Abstract

Die vorliegende Arbeit zeigt am Beispiel einer hydrostatischen Fahrantriebspumpe mit mechatronischer Regelung Möglichkeiten zur Steigerung der Verfügbarkeit mobiler Arbeitsmaschinen. Dafür werden zwei verschiedene Ansätze vorgestellt:

Fehler während des Maschinenbetriebs werden durch ein Fehlererkennungs- und Fehleridentifikationsverfahren verarbeitet und erlauben eine angepasste Fehlerreaktion. Der zweite Ansatz basiert auf der gezielten Erfassung von Betriebslasten durch ein „Load Cycle Monitoring" zur Restlebensdauerabschätzung. Die Vorüberlegungen zur Ableitung geeigneter Klassierverfahren basieren auf dem *Contact & Channel Modell (C&C–M)*. Es wird gezeigt, wie das C&C–M am Beispiel der Hydraulikpumpe zur Auswahl geeigneter Betriebslasten angewandt werden kann. Zuletzt werden Handlungsempfehlungen im Rahmen einer Gesamtstrategie für die Komponentenhersteller, Maschinenhersteller sowie Maschinenbetreiber gegeben.

This thesis shows opportunities to enhance the availability of mobile machines. As an example, two methods are presented, focussing on a controlled hydrostatic displacement pump in the drive train:

Failures occurring under operating conditions of a mobile machine are processed by algorithms to detect and identify faults so that suitable emergency operating modes can be provided. The second proposal includes the storage of load data with regard to the prediction of remaining life time using a „Load Cycle Monitoring". Advanced considerations to find methods collecting appropriate load spectrums are based on the *Contact & Channel Model (C&C–M)*. The approach using the C&C–M is exemplified at a hydrostatic displacement pump to find suitable data mining procedures. In order to pursue a general strategy, recommendations for manufacturers of components, manufacturers of machines and operators are pointed out.

Vorwort

Die vorliegende Arbeit entstand während meiner Tätigkeit als wissenschaftlicher Mitarbeiter bei der Bosch Rexroth AG in Zusammenarbeit mit dem Lehrstuhl für Mobile Arbeitsmaschinen der Universität Karlsruhe (TH), heute Karlsruher Institut für Technologie KIT. Mein besonderer Dank gilt meinem Doktorvater, Herrn Prof. Dr.-Ing. Marcus Geimer, für die Betreuung der Arbeit an der Hochschule sowie Herrn Prof. Dr.-Ing. Dr. h. c. Albert Albers für die Übernahme des Korreferates. Ich bedanke mich bei Frau Dr. Grit Geißler, die die Arbeit initiierte und von Bosch Rexroth fachlich unterstützte, wodurch in vielen Gesprächen und Diskussionen wertvolle Ideen entstanden. Herrn Franz Werner, Herrn Dr. Horst Schulte danke ich für Ihre hilfreiche Unterstützung sowie Herrn Andreas Utler für die Mithilfe bei den experimentellen Untersuchungen. Allen, die die Arbeit unterstützten, besonders den Mitarbeitern aus der Entwicklungsabteilung und dem Service in Elchingen, herzlichen Dank. Des Weiteren möchte ich mich bei Sebastian Thau vom Institut für Produktentwicklung der Universität Karlsruhe für den Meinungs- und Erfahrungsaustausch und bei Thomas Alink für die Durchsicht der Arbeit bedanken.

Den studentischen Mitarbeitern sei für die Mitarbeit im Projekt und die wertvollen Überlegungen und Diskussionen gedankt. Besonders erwähnen möchte ich dabei Gabriel Totta, Oliver Pütsch, Martin Hummel und Eero Viertokoski.

Ein besonderer Dank gilt meiner Familie, insbesondere meinen Eltern und meiner Partnerin Eva.

Karlsruhe,   *Manuel Boog*
im Oktober 2010

Inhaltsverzeichnis

Formelzeichen und Abkürzungen

α . . . . Schwenkwinkel der Axialkolbenpumpe

α_d . . . . Durchflusskoeffizienz

δ . . . . Dehnung

$\dot{p}$ . . . . Druckanstiegsgeschwindigkeit

ρ . . . . Dichte des Fluids

σ . . . . Spannung

σ_d . . . . Dauerfestigkeit

σ_i . . . . Spannungsamplitude

A_a . . . . präexponentieller Faktor nach der Stoßtheorie

A_D . . . . Dauerverfügbarkeit

A_i . . . . Durchströmte Fläche am Druckreduzierventil

A_k . . . . Druckbeaufschlagte Fläche des Stellkolbens

C . . . . Lagertragfähigkeit

c . . . . Federrate

D . . . . Schadenssumme

D_k .... Teilkreisdurchmesser der Kolben

E .... Elastizitätsmodul des Fluids

E_A .... Aktivierungsenergie

$F(t)$ .... Ausfallwahrscheinlichkeit

F_i .... Kraft

F_{Reib} .... Reibkraft

$F_{Triebwerk}$ .... Triebwerkkräfte

F_{vor} .... Federvorspannung

h .... Kolbenhub der Axialkolbenpumpe

k .... Reaktionsgeschwindigkeit; Lebensdauer: Steigung der Wöhlergeraden

M_d .... Drehmoment

m_{red} .... Reduzierte Masse der Verstellmechanik auf die lineare Bewegung des Stellkolbens

n .... Drehzahl

n_p .... Drehzahl der Pumpe

p .... Druck

P .... dyn. äquivalente Lagerbelastung; Index: Versorgungsdruckanschluß

Q .... Volumenstrom des Fluids

R . . . . universelle Gaskonstante

$R(t)$ . . . . Zuverlässigkeit (Überlebenswahrscheinlichkeit)

s_i . . . . Zustand des Symptoms

T . . . . Temperatur; Index: Tankdruckanschluß

V_0 . . . . Volumen der Stellkammern bei Neutralstellung

$V_{H,P}$ . . . . Hubvolumen der Pumpe

x . . . . Auslenkung des Stellkolbens

$\dot{x}$ . . . . Geschwindigkeit des Stellkolbens

$\ddot{x}$ . . . . Beschleunigung des Stellkolbens

x_v . . . . Ventilschieberauslenkung am Druckreduzierventil

xi . . . . Index zur Bezeichnung der Stellkammern links/rechts

z . . . . Anzahl der Kolben der Axialkolbenpumpe

CAN . . . . Controller Area Network

CM . . . . Condition Monitoring

C&C–M . . . . Contact & Channel Modell

DRE . . . . Druckreduzierventil (elektrisch betätigt)

FFT . . . . Fast Fourier Transformation

FMEA . . . . Failure Mode and Effects Analysis

LCM . . . . Load Cycle Monitoring

MTTF . . . . Mean Time to Failure (Betriebsdauer)

MTTR . . . . Mean Time to Repair (Stillstandszeit)

OoSM . . . . Out-of-Specification Monitoring

SFMEA . . . . System FMEA (vgl. FMEA)

USM . . . . Ursachen-Symptom-Matrix

1. Einleitung

Wie in vielen Branchen beobachtet man auch im Bereich mobiler Arbeitsmaschinen, dass die Verfügbarkeit der Maschinen und Anlagen eine immer wichtigere Rolle spielt. Während früher die Qualität der Maschinen in erster Linie durch hohe Sicherheitsfaktoren und Überdimensionierung eine Gewähr für die Verfügbarkeit war, sind in der heutigen Zeit die dafür hohen Investitionskosten nicht mehr konkurrenzfähig. Vielmehr wird die gesamte Lebensdauer der Maschinen bewertet, so dass die Kosten innerhalb des Produktlebenszyklus einen wesentlichen Faktor beim Kauf neuer Geräte darstellen. Um die Herstellungskosten der Komponenten gering zu halten, ist es erforderlich, die Leistungsdichte zu erhöhen. Um dadurch die Zuverlässigkeit im Betrieb nicht zu beeinträchtigen, ist eine erweiterte Kenntnis über die Belastung im Arbeitseinsatz notwendig. Während in stationären Prozessen von Werkzeugmaschinen die Belastungen für die Arbeitsvorgänge gut bekannt sind, streuen diese besonders bei mobilen Arbeitsmaschinen sogar bei identischen Maschinentypen. Je nach Arbeitsort, Umgebungsbedingungen, Art der Anwendung, Fahrstil usw. variieren die Belastungen deutlich [83]. Dieser Zusammenhang begründet die Forderung, dass im Idealfall für jede individuelle Maschine zukünftig genauere Informationen bezüglich ihrer Belastung erfasst und bereitgestellt werden sollten. Dadurch können Komponenten gegebenenfalls ausgetauscht werden, bevor sie versagen und zum Stillstand der gesamten Maschine führen [73].

Ein weiterer wichtiger Aspekt für die Verfügbarkeit ist der Umgang mit Störungen und auftretenden Fehlern. Viele Funktionen von Traktoren und Arbeitsmaschinen sind heute noch stark durch mechanische Regel- und Steuerungselemente geprägt. Aufgrund der zunehmenden Komplexität werden die Regelungs- und Steuerungsfunktionen vermehrt durch elektronische Bauteile und Software-Algorithmen realisiert. Immer wieder wird auch beobachtet, dass die zunehmende elektronische Ausstattung zu Störungen und Ausfällen führt [112]. Neben der reinen mechatronischen Funktion ist folglich ein effektives Fehlermanagement erforderlich. Somit kann im Fehlerfall ein individuelles Notlaufprogramm eingeleitet werden, das ein Maximum an Funktionen zulässt. Ein weiterer Vorteil zur Steigerung der Verfügbarkeit ist eine Verkürzung der Fehlersuche im Reparaturfall und die rasche Bereitstellung der Ersatzteile für die Maschine.

Der hydrostatische Fahrantrieb ist ein wesentliches Teilsystem vieler mobiler Arbeitsmaschinen. (**Abbildung 1.1**). Im abgebildeten geschlossenen hydraulischen Kreis wird die mechanische Leistung eines Primäraggregates, meist eines Verbrennungsmotors, durch die Pumpe in hydraulische Leistung gewandelt. Die hydraulische Leistung wird vom Hydromotor wieder in mechanische Leistung gewandelt und durch den weiteren Antriebsstrang zu den angetriebenen Rädern geleitet.

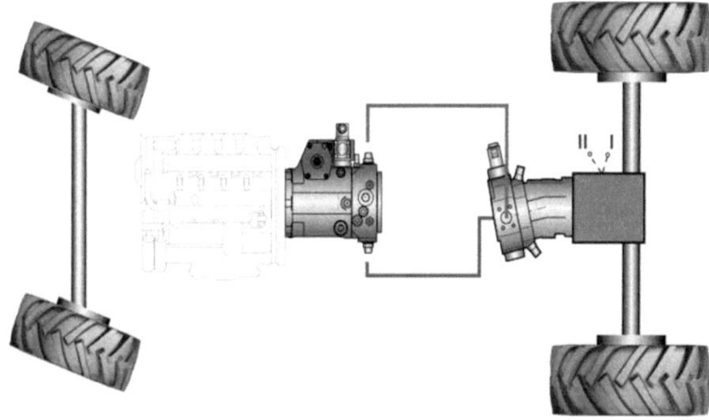

Abb. 1.1.: Einfacher hydrostatischer Fahrantrieb einer mobilen Arbeitsmaschine

In **Abbildung 1.2** ist die prinzipielle Systemarchitektur moderner Arbeitsmaschinen grafisch dargestellt. Das übergeordnete Steuergerät ist die Schnittstelle zwischen den einzelnen Steuergeräten der Subsysteme und Komponenten. Seit der Einführung von elektronisch geregelten Dieselmotoren und Anbaugeräten mit eigenen leistungsfähigen Steuergeräten gehört der CAN-Bus zum Stand der Technik [32]. Die Hydraulikpumpen sind bis heute dennoch meist mit hydraulisch-mechanischen Reglern ausgestattet. Es ist zu erwarten, dass diese zunehmend durch elektronische Regler verdrängt werden. Grund dafür sind die erweiterten Potentiale digitaler Regelungskonzepte zur Energieeinsparung und die vereinfachte Einbindung in neue Maschinenkonzepte [35]. Damit bietet es sich an, die hydraulischen Komponenten zukünftig mit einer eigenen Elektronik auszustatten und in das Netzwerk der Maschine via CAN-Bus einzubinden. Die dezentrale Architektur ermöglicht, dass neben den Regelfunktionen der Pumpe auch sonstige pumpenspezifischen Softwarefunktionen zur Steigerung der Verfügbarkeit auf dem dezentralen Steuergerät ausgeführt werden können. Damit ist es möglich, dem zentralen Steuergerät der Maschine bereits aufbereitete Daten und Informationen aus dem jeweiligen Subsystem zur Verfügung zu stellen [18].

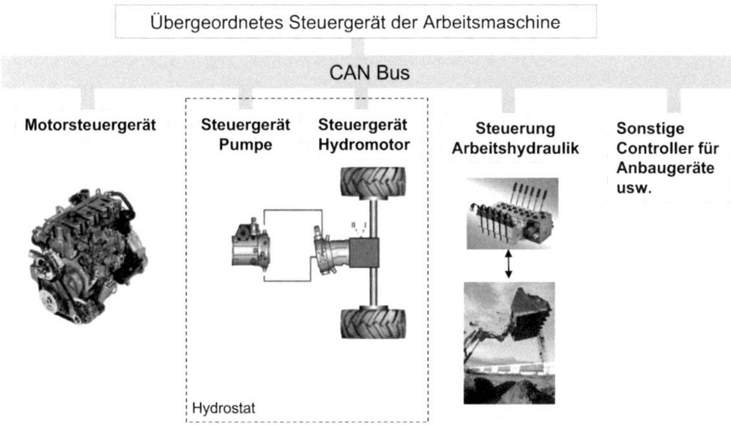

Abb. 1.2.: Aufbau einer dezentalen Architektur der Maschinensteuerung

In dieser Arbeit wird eine verstellbare Axialkolbenpumpe in Schrägscheibenbauweise mit einer mechatronischen Verstelleinheit betrachtet. Anhand der elektrohydraulischen Verstellpumpe werden die Möglichkeiten zur Steigerung der Verfügbarkeit exemplarisch erörtert.

1.1. Zielsetzung

Generelles Ziel ist die Steigerung der Verfügbarkeit mobiler Arbeitsmaschinen. Zur Erläuterung der Methoden soll die Vorgehensweise am Beispiel der Axialkolbenmaschine im Fahrantrieb aufgezeigt werden, da diese ein wesentliches Subsystem darstellt. Dabei liegt der Fokus auf einer Verstellpumpe in Schrägscheibenbauweise. Die betrachtete

Pumpe ist mit einer eigenen hydraulischen Verstellung und einem elektronischen Steuergerät sowie serienmäßig verbauten Sensoren ausgerüstet. Auf den Systemaufbau wird in *Kapitel 2.2* genauer eingegangen. Eine wesentliche Restriktion ist die Verwendung der serienmäßig vorhandenen Sensorik, um den mechatronischen Integrationsgrad [1] nicht zu verringern und dadurch die Kosten zu erhöhen [112]. Die Elektronik der Pumpe erfüllt die Voraussetzungen der Pumpenkomponente für eine dezentrale Architektur, in welcher die Pumpe über CAN Bus mit dem zentralen Steuergerät der Arbeitsmaschine kommuniziert. Die dezentrale Struktur der Antriebssteuerung ermöglicht schnelle Rechen- und Reaktionszeiten, entlastet die zentrale Steuereinheit und verringert den Datenverkehr. Somit ist eine einfache modulare Erweiterbarkeit der Systeme gegeben [80].

Aus einer Umfrage von [50] geht hervor, dass sogar bei stationären Anwendungen in Werkzeugmaschinen die Suche nach Fehlerursachen im Bereich der Hydraulik allein durch die Erfahrung des Instandsetzungspersonals erfolgt. Dem Autor zufolge liegt dies an unbekannten Zusammenhängen zwischen Fehlerursachen und Symptomen. Die Folge sind Fehlentscheidungen bei der Instandsetzung, die aufgrund der Komplexität zu langen Stillstandszeiten und hohen Kosten führen [63]. Selbst im stationären Einsatz von Werkzeugmaschinen werden Maschinenzustände nicht kontinuierlich überwacht und Potentiale nicht genutzt [79].

Ziel ist es also, Methoden einzusetzen, die die Verfügbarkeit in geeigneter Weise steigern. Einerseits ist eine geeignete Vorgehensweise erforderlich, welche die Belastungen oder auch den Schadensfortschritt an einer Pumpe während ihres Betriebseinsatzes dokumentiert, um ein geeignetes Instandhaltungskonzept zu realisieren. Andererseits ist es erforderlich, dass im Fall eines auftretenden Fehlers durch eine geeignete Logik so viel Funktion wie möglich erhalten bleibt. Um eine Grundlage für die Notbetriebsstrategie der Maschine zu liefern, müssen die verantwortlichen Fehlerursachen identifiziert werden. **Abbildung 1.3** zeigt die übliche symptombezogene Entscheidung über die zulässige Funktionalität aus Fehlersymptomen. Sind die Fehlerursachen bekannt, kann eine präzisere Restfunktionalität gewährleistet werden.

Bei der Umsetzung soll der mechatronische Integrationsgrad gemäß [112] beibehalten werden, um die Verfahren unmittelbar im Feld einsetzen zu können und keine Zusatz-

---

[1]nach [112]: hoher Integrationsgrad:= die Funktionserfüllung ist nur gewährleistet, wenn alle Teilkomponenten (Basissystem, Sensorik, Informationsverarbeitung und Aktorik) funktionsfähig sind; geringer Integrationsgrad:= Teilkomponenten werden überwiegend nur zur Überwachung eingesetzt

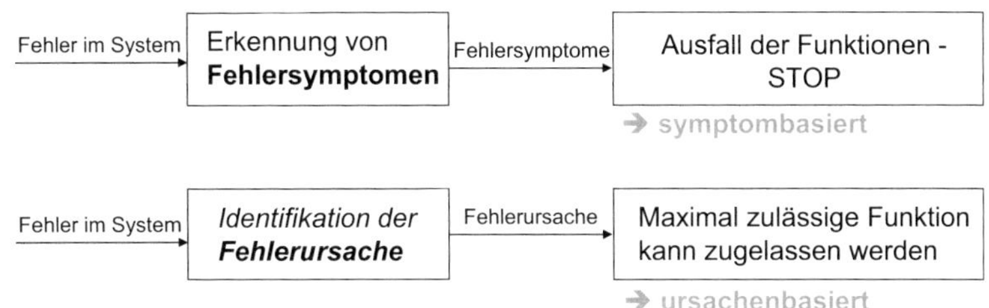

Abb. 1.3.: Unterschied zwischen Symptomen und Ursachen als Ausgangsbasis für die Entscheidung von Fehlerreaktionen

kosten für aufwendige Sensorik zu verursachen [15]. Dies bedeutet, dass die derzeit am betrachteten System vorhandenen Sensoren verwendet werden sollen. Dies sind am Teilsystem der Hydraulikpumpe die beiden Hochdrücke, der Schwenkwinkel, die Drehzahl, die Ströme der Proportionalmagneten sowie die Temperatur der angebauten Elektronik.

Die Position der Ventilschieber an den verwendeten Regelventilen ist im Gegensatz zu den Arbeiten von Stammen [101] und Münchhof [71] nicht bekannt, deren Verfahren zur Fehlererkennung und Fehleridentifikation wesentlich davon abhängen. Die Restriktion der Beibehaltung des mechanischen Integrationsgrades erfordert weiterhin den Verzicht auf Körperschallsensoren. Körperschall wird beispielsweise in [87], [66], [51], [103] im Rahmen eines *Condition Monitoring Systems* verwendet. Die Arbeit soll zeigen, dass auch ohne zusätzliche Sensoren Möglichkeiten zur Verfügbarkeitssteigerung existieren.

2. Stand der Technik

Dieses Kapitel widmet sich dem Stand der Technik im fachbezogenen Themengebiet. Zunächst wird der aktuelle Zustand zur Ausstattung mobiler Arbeitsmaschinen mit elektronischen Hilfsfunktionen zum Umgang mit Fehlern sowie zur Erfassung von Betriebsdaten vorangestellt. Im Anschluss erfolgt eine Beschreibung des in dieser Arbeit betrachteten Systemaufbaus – der Regelung eine Axialkolbenpumpe. Weiterhin werden die bekannten Methoden zur Instandhaltung sowie die Bedeutung der Verfügbarkeit erläutert. Nach einer Einordnung von verschiedenen Begriffen im Themengebiet wird eine Literaturübersicht zu Diagnosefunktionen dargestellt. Darüber hinaus ist eine Übersicht zum Stand der Technik bezüglich Betriebsdatenerfassung und Lebensdauerberechnung gegeben. Abschließend wird die Zielsetzung dieser Arbeit konkretisiert.

2.1. Allgemeine Trends in der Praxis

Abbildung 2.1 zeigt das Cockpit eines Caterpillar Kettenladers 963C mit Kontrollleuchten für auftretende Störungen: Mangelnder Kraftstoffförderdruck, Übertemperatur des Verteilergetriebeöls, Speisedruckmangel des hydrostatischen Getriebes, geringer Motoröldruck, Defekt des Motorsteuergeräts, Drehstromgeneratordefekt, Hydrogetriebedefekt. Die Fehlermeldungen basieren im Wesentlichen lediglich auf einzelnen Grenzwertüberwachungen von Sensorsignalen (z.B. Überwachung eines mindestens erforderlichen Öldrucks). Über das Display werden im Servicemodus gespeicherte Funktionsfehler aus dem Fahrantriebssteuergerät ausgegeben. Im Überwachungssystem EMS III[1] von Caterpillar werden das gesamte Bordnetz sowie die elektronische Steuerung des hydrostatischen Fahrantriebs überwacht. Es unterscheidet zwischen drei Warnkategorien in Abhängigkeit der Funktionsstörungen, welche den Fahrer entsprechend informieren [22].

---

[1]EMS:= Electronic Monitoring System

Abb. 2.1.: Cockpit eines Caterpillar Kettenladers 963C [22]

Von Volvo wird das System MATRIS[2] verwendet: Es bietet die Möglichkeit, Lastdaten z.B. in Form von Histogrammen zur Benutzung von Getriebe, Motor, Vorder- und Hinterachse an Baumaschinen aufzuzeichnen und auszulesen. Diese Daten können in Histogrammen dargestellt werden. Darüber hinaus sind in MATRIS Anzeigen implementiert, die zwischen Warn- und Alarmmeldungen unterscheiden. Bei den Warnmeldung herrschen z.B. zu hohe Temperaturen oder die Maschine wurde außerhalb ihrer Spezifikationen betrieben. Ziel des Systems ist die Bereitstellung von Informationen für evtl. notwendige Abhilfemaßnahmen und die Optimierung des Maschinenbetriebes. Der Maschinenbetreiber erhält bei letzteren eine gute Übersicht über die Rentabilität seiner Maschinen. Zusätzlich besteht das Angebot von Volvo, mit den vorliegenden Daten individuelle Bedienerschulungen durchzuführen [106].

Arbeitsmaschinen der Firma CLAAS sind mit einem Maschinendiagnosesystem ausgestattet (CDS – Claas Diagnose System), bei dem die wesentlichen betriebsrelevanten Fehler erkannt werden und der Fahrer entsprechend informiert wird. Darüber hinaus bietet der Hersteller Systeme zum Flottenmanagement an, bei denen aktuelle und historische Betriebsdaten, Einstellungen und Leistungsdaten protokolliert werden können.

Von Komatsu wurde ein sog. Vehicle Health Monitoring System (VHMS/WebCARE) für Großmaschinen entwickelt [73]. Bei Großmaschinen sind die Kosten im Fall eines Ausfalls sehr hoch. Die Mehrkosten für Sensoren und Steuergeräte, die hier ausschließlich für die Datenerfassung und die Kommunikation über Satelliten verwendet werden, sind dadurch gerechtfertigt und bieten entscheidende Vorteile. Diese sind eine kurze Reparaturzeit und kurze Stillstandszeiten. Im Wesentlichen werden bei dem System von Komatsu die Betriebsstunden, die Start- und Ausschaltzeiten der Maschine sowie die

---

[2]MATRIS:= Machine Tracking Information System

kumulierte geleistete Arbeit dokumentiert. Dies fällt im Sinne dieser Arbeit unter den Begriff Load Cycle Monitoring (vgl. Kapitel 2.4). Durch die Übertragung der Kollektive, dem Verlauf innerer Messgrößen wie Kühlwasser- und Schmiermitteltemperatur der Verbrennungskraftmaschine usw. über Satellit in die Zentrale, wo zusätzlich eingeschickte Ölproben mit in die Auswertung einbezogen werden, stehen umfangreiche Daten über die gesamte Maschine zur Verfügung. Diese sind dem Betreiber durch Internetanwendungen zugänglich. Zusammenfassend besteht das System aus Load-Cycle-Monitoring und aus Condition-Monitoring Funktionen, um eine größtmögliche Entscheidungsgrundlage bei der Festlegung von Wartungsintervallen und der Vermeidung von ungeplanten Ausfällen bereitzustellen. **Abbildung 2.2** zeigt beispielhaft die Betriebspunkte der Verbrennungskraftmaschine in Form von Blasendiagrammen (Drehmoment über Drehzahl).

Bei Radladern der Firma Liebherr werden seit einiger Zeit ebenfalls online Betriebsdaten erfasst, um ein besseres Bild über die Belastungen des Fahrantriebes zu erhalten und Verbesserungen für die Antriebsstruktur abzuleiten [37].

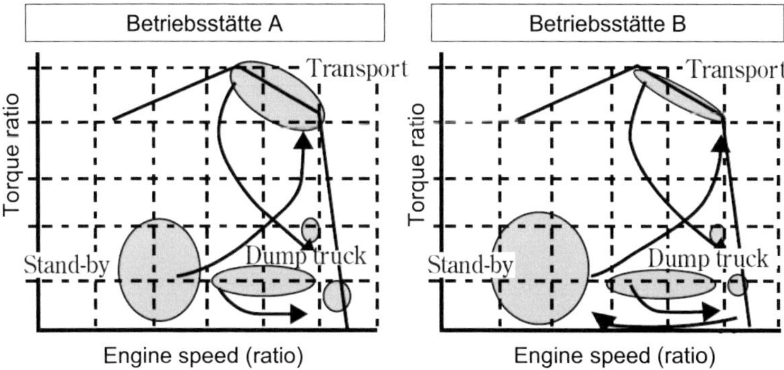

Abb. 2.2.: Betriebspunkte der Verbrennungskraftmaschine eines Dumptrucks bei verschiedenen Betriebsstätten [73]

2.2. Aufbau des betrachteten Systems

In diesem Kapitel wird das betrachtete System der Axialkolbenmaschine für den Fahrantrieb mit einer elektronisch-hydraulischen Verstellung vorgestellt.

Wie bereits einleitend erwähnt handelt es sich um eine Axialkolbenpumpe in Schrägscheibenbauweise im geschlossenen hydrostatischen Kreis des Fahrantriebs. Die Pumpe hat dabei die Funktion mechanische Energie in hydraulische Energie zu wandeln. Im einfachen geschlossenen Kreis wird die hydraulische Energie durch einen Hydromotor wieder in mechanische Energie gewandelt und über weitere mechanische Zahnradstufen, Achsgetriebe und Wellen am Rad wirksam (vgl. **Abbildung 1.1** auf Seite 2). Weitere Details zu gängigen Systemkonfigurationen finden sich in der Literatur, wobei insbesondere auf die Quellen [46],[39],[56],[60][37],[74] verwiesen wird. Durch die Verstellung der Axialkolbenpumpe ergibt sich der erzeugte Volumenstrom Q abhängig vom eingestellten Hubvolumen $V_{H,P}$ und der Pumpendrehzahl n_P.

$$Q = n_P \cdot V_{H,P} \qquad [2.1]$$

Das Hubvolumen ist durch Variation des Schwenkwinkels der Schrägscheibe α stufenlos verstellbar, so dass sich das Hubvolumen der Verdrängereinheit $V_{H,P}$ nach **Gleichung 2.2** ergibt (vgl. **Abbildung 2.3**):

$$V_{H,P} = z \cdot D_k \cdot tan\alpha \cdot A_k \qquad [2.2]$$

Das theoretische Hubvolumen ist also proportional zum Tangens des Schwenkwinkels α. Zur Verstellung des Schwenkwinkels wird im vorliegenden Fall ein federzentrierter Stellkolben verwendet. Über eine Kinematik wird die Auslenkung des Stellkolbens zur Einstellung des gewünschten Schwenkwinkels verwendet:

$$\alpha = f(x) \qquad [2.3]$$

Zur Verstellung der Schrägscheibeneinheit ist ein sogenanntes Ansteuergerät erforderlich, welches in der Lage ist, den Stellkolben durch Druckbeaufschlagung auf die entsprechende Position zu regeln. Die Funktionsweise basiert auf zwei Druckreduzierventilen. Diese sind jeweils mit einer Druckversorgung P, einem Tankanschluss T sowie

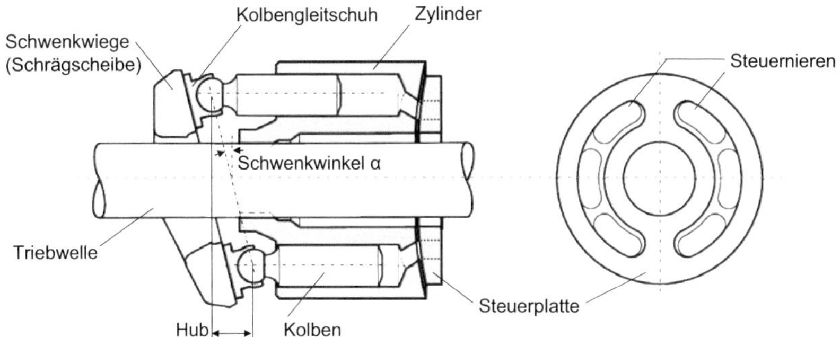

Abb. 2.3.: Funktionsprinzip einer Axialkolbenmaschine in Schrägscheibenbauart

mit am Arbeitsanschluss mit der linken bzw. rechten Kammer des Stellkolbens verbunden. Dadurch ist sowohl eine *Druckreduzierung* als auch eine *Druckbegrenzung* an den Arbeitsanschlüssen möglich (**Abbildung 2.4**). Die Bestromung der Proportionalmagneten an den Ventilen erfolgt durch ein elektronisches Steuergerät. Dies erfasst die elektrischen Ströme und regelt diese durch Pulsweitenmodulation der anliegenden elektrischen Spannung. Das System ist zur Regelung des Schwenkwinkels beziehungsweise der Auslenkung des Stellkolbens mit einer Wegmesseinrichtung ausgerüstet. Für weitere, übergeordnete Regelungskonzepte sind Sensoren an den Hochdruckleitungen der Pumpe (p_{HDA} und p_{HDB}), ein Drehzahlsensor sowie eine zentrale Temperaturmesszelle vorhanden.

Für die Bewegungsgleichung des Stellkolbens gilt **Gleichung 2.4**. Sie ergibt sich aus m_{red}, der reduzierten Masse der Verstellmechanik auf die lineare Bewegung des Stellkolbens, den Drücken in den Stellkammern, der Federkraft sowie der Federvorspannung $F_{vor,Feder}$, der Reibkraft F_{Reib} und der Triebwerkskraft $F_{Triebwerk}$.

$$\sum F_i = -m_{red}\ddot{x} + A_K \left(p_{x1} - p_{x2} \right) - c \cdot x - F_{vor,Feder} - F_{Reib}(\dot{x}) - F_{Triebwerk} = 0 \quad [2.4]$$

Die Triebswerkskraft hängt dabei im Wesentlichen von der Drehzahl, den anliegenden Hochdrücken an der Pumpe und dem Schwenkwinkel ab.

Die Drücke p_{x1} und p_{x1} ergeben sich aus der Volumenstrombilanz der beiden Stellkammern am Beispiel der Stellkammer x1 zu:

$$p_{x1} = \int \dot{p}_{x1} dt = \int \left(\frac{E}{V_0 + A_k \cdot x} \cdot \sum \left(Q_{DRE1} - A_k \cdot \dot{x} \right) \right) dt \quad [2.5]$$

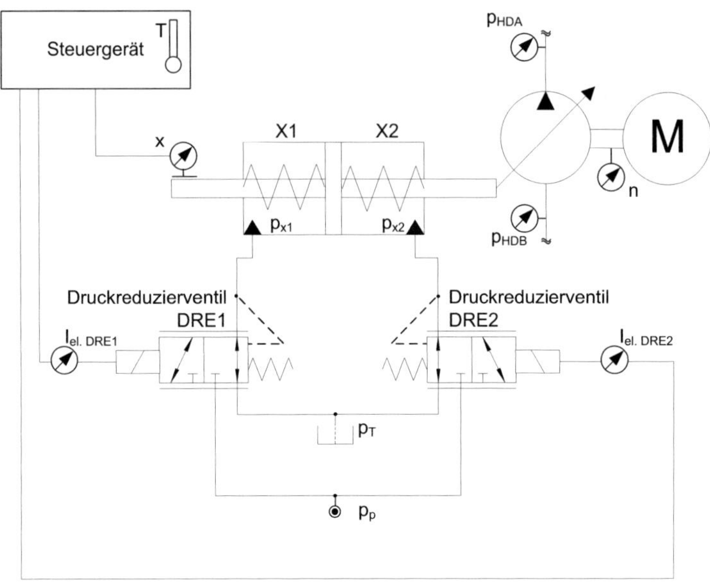

Abb. 2.4.: Aufbau der Verstellung der Schrägscheibenpumpe

Die Volumenströme der Druckreduzierventile sind direkt abhängig von den Öffnungs-
querschnitten durch die Ventilschieberposition und die anliegenden Druckdifferenzen.
Es gilt also für das Druckreduzierventil DRE1:

$$
\begin{aligned}
Q_{DRE1} &= Q_{(P \to x1)} - Q_{(x1 \to T)} \\
&= \alpha_d \cdot A_{(P \to x1)}(x_v) \cdot sgn\,(p_P - p_{x1}) \sqrt{\frac{2|(p_P - p_{x1})|}{\rho}} \\
&\quad - \alpha_d \cdot A_{(x1 \to T)}(x_v) \cdot sgn\,(p_{x1} - p_T) \sqrt{\frac{2|(p_{x1} - p_T)|}{\rho}}
\end{aligned}
\qquad [2.6]
$$

Die Ventilschieberposition x_v ergibt sich aus der Kräftebilanz am Ventilschieber. Eine
ausführliche Beschreibung zur Bestimmung der einzelnen Kräfte an einem Ventilschieber ist beispielsweise in [39] und [74] gegeben.

2.3. Verfügbarkeit und Methoden der Instandhaltung

Gemäß DIN 40 041 ist die Verfügbarkeit folgendermaßen definiert [28]:

> Die *Verfügbarkeit* ist die Wahrscheinlichkeit dafür, eine Betrachtungseinheit zu einem vorgegebenen Zeitpunkt der geforderten Anwendungsdauer in einem funktionsfähigen Betriebszustand anzutreffen.

Bei nicht reparierbaren Systemen sind Zuverlässigkeit und Verfügbarkeit identisch [77]. Die Dauerverfügbarkeit A_D als Integral über die gesamte Maschinenlebensdauer lässt sich durch den Mittelwert der Betriebsdauer MTTF[3] und den Mittelwert der Reparaturzeit MTTR[4] gemäß Gleichung 2.7 berechnen (vgl. **Abbildung 2.5**):

$$A_D = \frac{MTTF}{MTTF + MTTR} \qquad [2.7]$$

Die Systemverfügbarkeit A_S der gesamten Betrachtungseinheit (System) lässt sich aus den Verfügbarkeiten der einzelnen Komponenten A_i abschätzen, so dass sich die Systemverfügbarkeiten für ein Parallelsystem bzw. für ein Seriensystem ergeben [77]:

$$A_{D,Parallelsystem} = A_{DS} = 1 - \prod_{i=1}^{n}(1 - A_{Di}) \qquad [2.8]$$

$$A_{D,Seriensystem} = \prod_{i=1}^{n} A_{Di} \qquad [2.9]$$

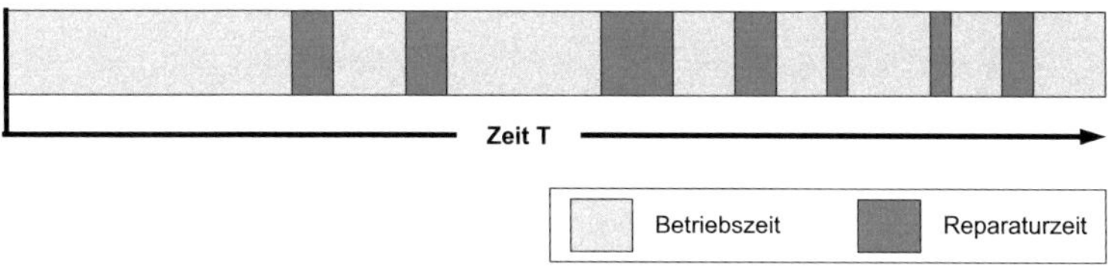

Abb. 2.5.: Anteile an Stillstandszeit und Betriebszeit

---

[3]MTTF: Mean Time to Failure
[4]MTTR: Mean Time to Repair

Definitionsgemäß wird bei den oben dargelegten Gleichungen nicht berücksichtigt, ob das System nur teilweise ausgefallen ist und ggf. noch über ausreichende Funktionalität verfügt, um zumindest zeitweise Teilfunktionen auszuführen. Andererseits ist die Reparaturdauer stark von der Komplexität der Fehlersuche und dem Aufwand für den Tausch der betroffenen Komponente abhängig.

Ein wesentlicher Bestandteil bei der Steigerung der Verfügbarkeit ist das zugrundeliegende Instandhaltungsprinizip. Dabei wird grundsätzlich zwischen drei Instandhaltungsstrategien unterschieden [79],[25]:

- **Reaktive Instandhaltung** („Feuerwehrstrategie"): Es wird abgewartet bis Störungen oder Ausfälle auftreten, die für eine weitere Gewährleistung der betroffenen Funktion unmittelbar behoben werden müssen.

- **Präventive Instandhaltung**: Die Wartungstätigkeiten werden obligatorisch gemäß vorgegebenen Intervallen und Wartungsplänen unabhängig vom Schädigungszustand durchgeführt.

- **Zustandsabhängige Instandhaltung**: Die Wartung erfolgt anhand Abnutzungszuständen. Die Maßnahmen können dadurch zielgerichtet und kostengünstig ausgeführt werden. Die Komponenten und Bauteile werden gemäß ihrer maximal möglichen Betriebsdauer genutzt und nicht vorzeitig gewechselt, wie beispielsweise bei der Präventiven Instandhaltung.

Abbildung 2.6 zeigt eine schematische Übersicht zu den Verfahren der Instandhaltung. Die Reaktive Instandhaltung ist das älteste der genannten Verfahren. Die technischen Systeme wurden über lange Zeit dauerfest dimensioniert. Kam es zu Ausfällen, wurde das System repariert. Eine wesentliche Verbesserung im Sinne der Verfügbarkeit ist die präventive Instandhaltung, bei der in bestimmten Intervallen oder nach einer bestimmten Betriebszeit oder Laufleistung die Wartung erfolgt. Die neueste Methode ist die zustandsabhängige Instandhaltung. Dabei ist das Bestreben, durch *Condition Monitoring* den Austausch von Komponenten so weit wie möglich hinauszuzögern, um die Komponenten bis kurz vor dem Ausfall zu nutzen. Wenn sich anhand spezieller Sensorik und Auswertungsalgorithmen ein Ausfall abzeichnet, wird die Wartung durchgeführt. Dadurch werden die Stillstandszeiten gering gehalten und die Investitionskosten maximal genutzt.

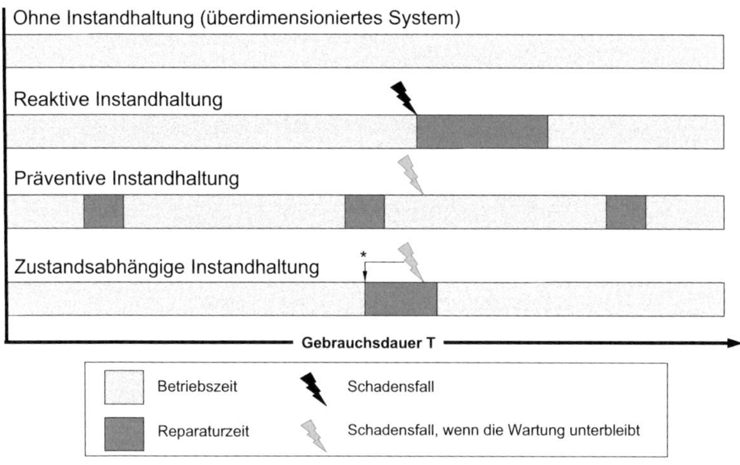

Abb. 2.6.: Instandhaltungsstrategien für technische Systeme

Die Hauptvorteile der zustandsabhängigen Wartung zur Reduzierung von Umsatzausfällen sind vor allem *die Reduzierung der Stillstandszeiten* sowie die *Reduzierung der Instandhaltungskosten*. In einer Studie zu den Potentialen zustandsorientierter Instandhaltung in der Produktionstechnik [79] sind weitere Vorteile genannt (**Abbildung 2.7**). Die Priorisierung erfolgt anhand der Häufigkeit der genannten Vorteile nach Einschätzung der Unternehmen, welche zustandsorientierte Instandhaltung betreiben. Eine weitere Möglichkeit neben den Konzepten zur Instandhaltung ist eine gezielte Überdimensionierung des Systems. Dadurch wird beabsichtigt, dass während der gesamten Nutzungsdauer selbst bei Überbeanspruchung keine Ausfälle auftreten [47].

2.4. Einordnung von Begriffen

Die Verwendung der Begriffe wie *Condition Monitoring* oder *Diagnose* werden in der Praxis und Literatur nicht einheitlich verwendet [49]. Um einen Überblick zum Stand der Technik zu erhalten, wird die im Rahmen dieser Arbeit neu entstandene Einordnung vorangestellt.

Eine erste Unterscheidung wird in dieser neuen Einordnung anhand der Messgrößen vorgenommen wie in **Abbildung 2.8** dargestellt. *Äußere Messgrößen* stellen physika-

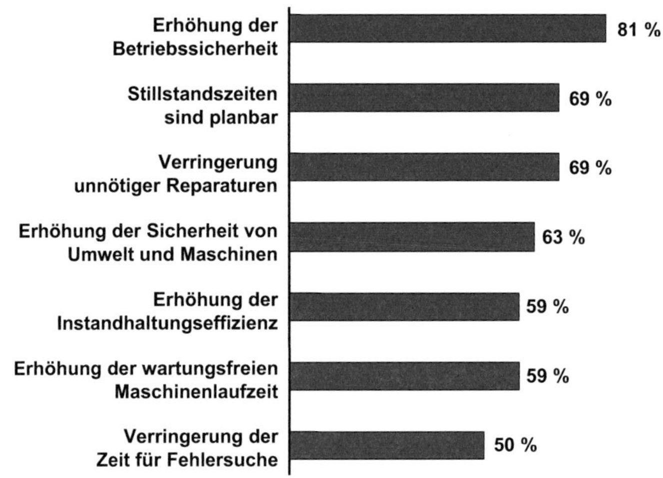

Abb. 2.7.: Vorteile der Zustandsabhängigen Instandhaltung gemäß einer Studie in [79]

lische Größen dar, die dem System von außen aufgeprägt werden. *Innere Messgrößen* sind Größen, die sich im System aufgrund der äußeren Beeinflussung einstellen. Dieser Sachverhalt lässt sich einfach am „System Mensch" auf einem Laufband darstellen: Von außen wird in erster Linie die Bandgeschwindigkeit, Umgebungstemperatur und Luftfeuchtigkeit vorgegeben (Äußerer Messgrößen). Die Inneren Messgrößen sind hier Größen wie Blutdruck, Atem– und Pulsfrequenz.

Für technische Systeme ist die Einordnung in innere und äußere Messgrößen oft fließend. Die Verschmutzung des Fluids bei hydraulischen Anlagen bedeutet zum einen eine äußere Belastung auf die durchströmten Komponenten und wird damit als äußere Messgröße bewertet. Andererseits ist Schmutz auch eine mögliche Folge von übermäßigem Verschleiß und ist in diesem Fall eine innere Messgröße, anhand der die Abnutzung tribologisch beanspruchter Wirkflächen beurteilt werden kann. Eine Entscheidung welche Art Messgröße vorliegt, muss somit individuell getroffen werden.
Ausgehend von den inneren und äußeren Messgrößen wird die Einordnung der Begriffe Condition Monitoring (CM), Load Cycle Monitoring (LCM), Out-of-Specification Monitoring (OoSM), Fehlererkennung, Fehleridentifikation, individuelle Restlebensdauerbestimmung und statistische Restlebensdauerbestimmung erläutert (**Abbildung 2.9**).

Abb. 2.8.: Unterscheidung zwischen inneren und äußeren Messgrößen

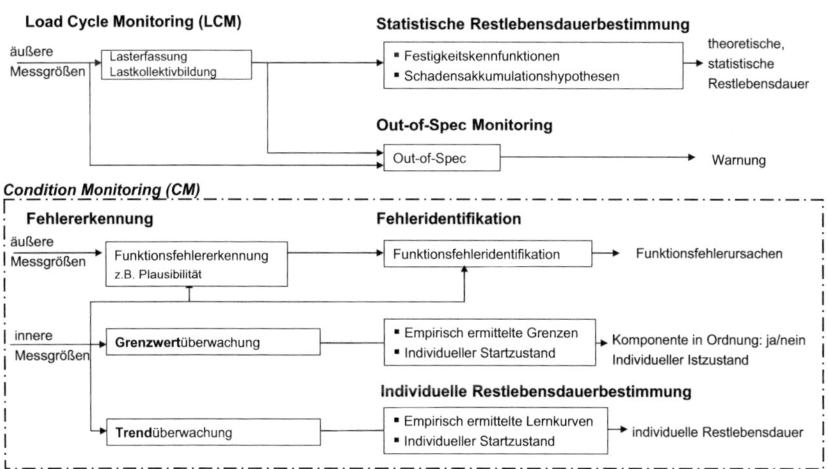

Abb. 2.9.: Übersicht über die verwendeten Begriffe

Äußere Messgrößen auf eine Betrachtungseinheit können durch ein Kollektivbildungsverfahren klassiert werden (Load Cycle Monitoring). Dafür stehen verschiedene Verfahren zur Verfügung. Die entsprechenden Klassierungsergebnisse dienen als Basis für verschiedene aufbauende Auswertungen. Zum einen besteht die Möglichkeit, aus einer sog. Verbundklassierung die Korrelation zweier Signale auf unzulässige Bereiche zu prüfen. Am Beispiel eines Radialwellendichtrings ist es möglich, die Drehzahl der Welle und den anliegenden Innendruck als äußere Messgrößen für die Belastung auf den Wellendichtring in einer Verbundklassierung aufzuzeichnen. Daraus ist ersichtlich, ob der Wellendichtring in Betriebspunkten betrieben wurde, die nicht zulässig sind (vgl. **Abbildung 2.10**). Auch unklassierte Messgrößen, z.B. die maximal zulässige Temperatur, wird in der technischen Praxis mit dem sogenannten *Out-of-Spec Monitoring* hinsichtlich Überschreitung des maximal zulässigen Wertes überwacht.

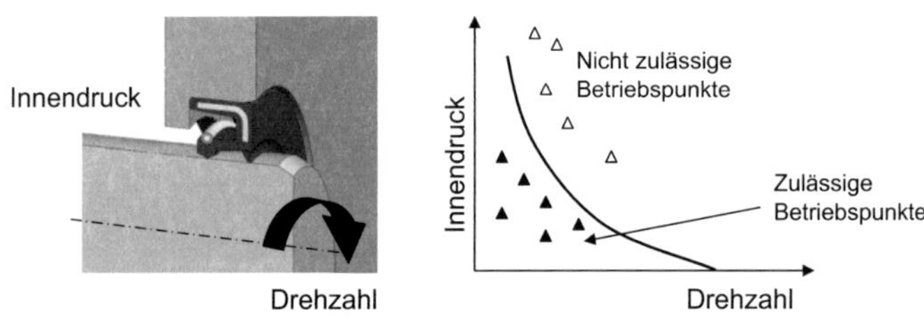

Abb. 2.10.: Verbundklassierung an einem Wellendichtring von Innendruck und Drehzahl

Geeignete Festigkeitskennfunktionen oder Schädigungsakkumulationshypothesen bilden die Basis, um aus den aufgenommenen Belastungen eine Lebensdauerabschätzung durchzuführen. Bei der Dimensionierung von Wälzlagern wird beispielsweise aufgrund der dynamischen Belastung bereits in der Entwicklung ein bestimmtes Lastkollektiv angenommen, um anhand der Gebrauchsdauer der Maschine die Lagerauswahl zu treffen [46]. Aufgezeichnete Belastungen im realen Betrieb erlauben im Umkehrschluss eine *statistische Restlebensdauer*[5] des Lagers.

Der Begriff *Condition Monitoring* umfasst die Messdatenverarbeitung von verschiedenen inneren und äußeren Messgrößen. Allgemein geht es darum den Zustand des über-

---

[5]statistisch: Der tatsächliche Versagenszeitpunkt wird nicht ermittelt – es ist lediglich bekannt, welcher Betrag der theoretisch berechneten Gesamtlebensdauer verbraucht wurde

wachten Systems aufzuzeigen. Für die Fehlererkennung ist es sinnvoll, äußere Messgrößen zu berücksichtigen. Dadurch sind die herrschenden Randbedingungen bekannt. Bei der reinen Fehlererkennung wird das Auftreten einer Fehlfunktion oder Störung und meist der Zeitpunkt des Auftretens ermittelt. Erst bei der Fehleridentifikation werden genauere Informationen über die Fehlerursache und den Fehlerort untersucht [55].

Durch Verwendung einer Fehleridentifikation sind die Informationen zur Einleitung einer geeigneten Fehlerreaktion vorhanden. Dabei sind verschiedene Szenarien wie die Nutzung einer vorhandenen Redundanz, das Deaktivieren verschiedener Teilfunktionen, das komplette Abschalten des Systems oder lediglich eine Warnmeldung denkbar [112].

Allein durch signalbasierte Auswertungsverfahren aus inneren Messgrößen wie z.B. der Lecköltemperatur oder des Körperschalls [44],[109],[103] kann durch zuvor festgelegte Grenzen eine Aussage über den individuellen Zustand eines Systems getroffen werden. Dabei wird zum Beispiel durch eine Fourieranalyse das Signal verarbeitet und auf einer Überschreitung hinsichtlich festgelegter Grenzen bewertet. Aufgrund der Exemplarstreuung[6] ist dazu meist der individuelle Start- oder Normalzustand als Referenz erforderlich. Eine Trendanalyse der inneren Messgrößen dient der *individuellen Restlebensdauerbestimmung*. Liegt eine zeitlich messbare Verschlechterung vor, so kann prinzipiell die verbleibende Restzeit bis zum Erreichen einer zuvor definierten Grenze als *individuelle Restlebensdauer* angegeben werden. Die auf inneren Messgrößen basierenden Verfahren setzen eine gute Kenntnis über Veränderungen bei zunehmendem Schädigungsfortschritt voraus. Die Zusammenhänge müssen meist durch aufwendige Versuchsreihen experimentell ermittelt werden. Aus Messungen an Axialkolbenmaschinen ist bekannt, dass sowohl der Gutzustand als auch die schadensbedingten Veränderungen einer starken Exemplarstreuung unterliegen. Dies erfordert nach derzeitigem Kenntnisstand für jedes Exemplar eine individuelle Lernphase für den Gutzustand und die exemplarspezifischen Änderungen bei zunehmender Schädigung.

Die Begriffe im Rahmen der Fehlererkennung und Diagnose, wie sie in dieser Arbeit verwendet werden, sind in Anlehnung an[55] folgendermaßen definiert:

1. **Fehlererkennung**: Die Fehlererkennung ist die Feststellung des Vorhandenseins eines Fehlers im System zu einem gewissen Zeitpunkt, wobei die Fehlerursache nicht bekannt ist.

---

[6]z.B. aufgrund Toleranzen der Wandstärke von Gussgehäusen

2. **Fehleridentifikation**: Bei der Fehleridentifikation wird die eigentliche Fehlerursache im System aus Fehlersymptomen gesucht.

3. **Fehlerdiagnose**: Die Fehlerdiagnose umfasst die einzelnen Teilvorgänge der Fehlererkennung sowie der Fehleridentifikation.

2.5. Fehlerdiagnose

Nach DIN13842-1 ist ein Fehler definiert als „Zustand einer Einheit, charakterisiert durch die Unfähigkeit eine geforderte Funktion auszuführen, ausgenommen der Unfähigkeit während vorbeugender Wartung oder anderer geplanter Handlungen, oder aufgrund des Fehlens externer Mittel [31]."

Eine Übersicht zu Überwachungsfunktionen und Diagnoseverfahren an mobilen Arbeitsmaschinen gibt [1]. Dort wird der Begriff Diagnose definiert als Handlungen zur Fehlererkennung und Fehlerlokalisierung. Es wird zwischen der *On-Board-Diagnose (Eigendiagnose)* eines mechatronischen Systems und der *Off-Board-Diagnose*, welche im Bedarfsfall durch den Anschluss von Diagnosetestern z.B. in der Werkstatt durchgeführt wird, unterschieden [63],[1]. Aufgrund der Gesetzeslage müssen in Kraftfahrzeugen die emissionsrelevanten Funktionen, welche im Fehlerfall zu einer Verschlechterung der Emissionen führen, durch die klassische OBD (On-Board-Diagnose) überwacht werden [43]. Dies führt oft dazu, dass der Begriff der On-Board-Diagnose fälschlicherweise nur dafür verwendet wird und somit die Verfahren bezüglich Sicherheit und Zuverlässigkeit des Gesamtsystems unberücksichtigt bleiben.
Bei der Off-Board-Diagnose besteht das Ziel darin, die kleinste ersetzbare Einheit zu lokalisieren. Die erweiterte Ausstattung in der Werkstatt ermöglicht, dass zusätzliche Sensoren bei der Suche nach der Fehlerursache zur Verfügung stehen und damit eine genauere Fehleridentifikation ermöglicht wird [95],[43]. Weiterhin wird unterschieden, wann die Diagnosen ausgeführt werden [1]:

1. On-duty: Die Symptome werden im laufenden Betrieb abgefragt (Sensorsignale, dynamisches Verhalten etc.).

2. Off-duty: Selbsttests, die durchgeführt werden, während sich die Maschine nicht im Arbeitsmodus befindet.

Methoden zur Fehlererkennung

Zur Fehlererkennung gibt es verschiedene Methoden. Die Fehlererkennung ist die Voraussetzung für die Fehleridentifikation und Diagnose zur Ermittlung der Fehlerursache. Die Fehlererkennung wird in der Literatur unterteilt in *die konventionelle Fehlererkennung aus einzelnen Signalen* sowie *die Fehlererkennung aus mehreren Signalen und Modellen* [55],[59]. Beide Kategorien werden im Folgenden kurz erläutert.

- **Konventionelle Fehlererkennung aus einzelnen Signalen**

  Zur Auswertung einzelner Signale gehören Verfahren, die auf den Verlauf eines Signals angewandt werden können. Dies sind beispielsweise *Grenzwertüberwachung* und die *Trendüberwachung*. Bei der Trendüberwachung wird die zeitliche Änderung eines Signals überwacht. Damit ist eine Warnung möglich, bevor ein Ausfall mit gravierenden Folgeschäden auftritt [97].

  Werden einzelne Signale ausgewertet, so werden im Rahmen von Condition Monitoring Systemen häufig Methoden angewandt, die Merkmale aus einem Signal extrahieren. Dies sind Verfahren wie z.B. *die Fourier Analyse* und *Waveletanalyse*. Signalbasierte Verfahren dieser Art werden beispielsweise bereits standardmäßig zur Überwachung von Wälzlagern in Windkraftanlagen verwendet [51].

- **Fehlererkennung aus mehreren Signalen und Modellen**

  Verfahren zur Fehlererkennung aus mehreren Signalen sind im einfachsten Fall binäre Plausibilitätsabfragen. Ein Beispiel ist die Joystickauslenkung, welche mit der Fahrtrichtung einer Arbeitsmaschine plausibilisiert wird. Darüber hinaus sind Plausibilitätsabfragen der Art möglich, in dem zwei oder mehrere Signale bezüglich ihres Betrags in Korrelation zueinander plausibilisiert werden. *Empirische Methoden* basieren lediglich auf Messdaten. Weder Struktur noch die Parameter sind physikalisch begründet, so dass das System durch ein sogenanntes Black-Box-Modell beschrieben wird. Eine Ausprägung dieser Art empirischer Methoden ist beispielsweise die Verwendung *künstlicher neuronaler Netze* [71]. Bei den *Analytischen (modellbasierten) Verfahren* sind drei wesentliche Verfahren von Bedeutung: Parameterschätzung, Beobachterverfahren sowie Paritätsgleichungen.

  Bei der Methode der *Parameterschätzung* wird vorausgesetzt, dass sich messbare Größen aufgrund der Änderung von Parametern im System ändern. Diese Parameter werden aus den messbaren Größen mit einem Schätzverfahren (z.B. Least-Square) berechnet. Beispielsweise ist in [71] gezeigt, wie sich durch das Verfahren der Parameterschätzung der Durchflusskoeffizient und die durchströmte Fläche an einem Regelventil ermitteln lassen. Die Differenz der Durchflussparameter zu den Werten im Ursprungszustand ist unmittelbar ein Maß für den Steuerkantenverschleiß. Die Parameterschätzung benötigt eine ausreichende dynamische Anregung des Systems. Für stationäre Prozesse ist das Verfahren weniger geeignet, da hierbei oft die Anregung der Eingangsgrößen fehlt.

Bei der Verwendung eines *Beobachters* wird ein Prozessmodell verwendet. Das Modell läuft parallel zum realen Prozess, wobei der Ausgangsfehler zwischen dem realen Prozess und dem Modell auf die Zustandsgrößen des Modells zurückgeführt wird. Dadurch werden kleine Störeinflüsse minimiert. Die Ausgangsfehler ergeben Residuen[7]. Durch die ausgelenkten und nicht ausgelenkten Residuen kann man auf die Fehlerursache im System zurückschließen. Die Beobachterverfahren sind beispielsweise beschrieben in [23],[55]. Eine Anwendung im Hydraulikbereich ist die Lecköldetektion an geschlossenen Kreisläufen wie sie in [94] vorgestellt ist.

Beim Verfahren der *Paritätsgleichungen* wird ebenfalls der reale Prozess mit einem Modell verglichen. Im fehlerfreien Idealfall sind die durch das Modell berechneten Größen identisch mit den Messgrößen, so dass das Residuum null ist. Im Fehlerfall nehmen die Residuen abweichende Werte an, die z.B. auf Basis einer Grenzwertüberwachung ausgewertet werden. Beim Verfahren der Paritätsgleichungen wie auch bei den Beobachterverfahren besteht die Problematik darin, dass aufgund nominaler Parameterunsicherheiten oder nicht modellierten Prozessdynamiken auch im fehlerfreien Fall das Residuum von null abweichen kann. Dadurch wird die Festlegung der Detektionsschwelle für die Residuen schwierig, um den fehlerfreien vom fehlerbehafteten Fall zu unterscheiden.

Methoden zur Fehleridentifikation

Auf Basis der zuvor aufgezeigten Methoden zur Fehlererkennung erfolgt durch die Fehleridentifikation der Schluss auf die Fehlerursache. Ziel ist eine möglichst präzise Ursachenfindung unter Vermeidung von Fehldiagnosen. Im Wesentlichen wird unterschieden

---

[7]Residuum:= Differenz zwischen dem Modell und realem Prozess

zwischen *Interferenzverfahren* und *Klassifikationsverfahren*. Details finden sich insbesondere in den Quellen [55], [97], [23].

- **Interferenzverfahren**

  Bei den Interferenzverfahren ist vorhandenes Wissen über die Beziehung zwischen Fehlerursachen und deren Symptome erforderlich. Bei technischen Systemen ist meist umfangreiche Kenntnis über die Beziehung zwischen Fehlersymptomen und Fehlerursachen vorhanden und lässt sich in geeigneter Weise nutzen. Eine einfach umsetzbare Möglichkeit sind *kausale Netze*, bei denen die Beziehungen z.B. in Fehler-Symptom-Bäumen oder in Matrizen abgelegt sind. Weitere Möglichkeiten bieten approximative Schließverfahren z.B. in Form probabilistischen Schließens (Bayes Netze) oder auf Basis der Fuzzy-Logik.

- **Klassifikationsverfahren**

  Im Fall unbekannter oder sehr komplexer Zusammenhänge zwischen Symptomen und Fehlerursachen können Klassifikationsverfahren verwendet werden (z.B. neuronale Netze). Die Zusammenhänge zwischen Fehlerursachen und deren Fehlersymptomen müssen bei den Klassifikationsverfahen antrainiert bzw. gelernt werden: Zunächst wird das fehlerfreie Normalverhalten als Referenz erlernt. Darauf aufbauend sind die verschiedenen Fehlerfälle zu provozieren und zu erlernen. Besonders vorteilhaft ist, dass vorab kein Wissen über die Zusammenhänge zwischen den Fehlerursachen und den Symptomen erforderlich ist. Nachteilig ist insbesondere der Trainingsaufwand, besonders wenn bei technischen Systemen der Normalzustand aufgrund der Exemplarstreuung beispielsweise aufgrund Toleranzen in der Fertigung und Montage variiert.

Beispiele aus der Literatur

Bezüglich der funktionalen Sicherheit von mechatronischen Systemen bei mobilen Arbeitsmaschinen stellt Martinus [68] geeignete Entwicklungswerkzeuge in Abhängigkeit der notwendigen Systemintegrität dar. Prinzipiell wird das Fail-Safe-Verhalten eines technischen Systems eingeteilt in Fail-Silent und in Fail-Operational. Im Fail-Silent-Verhalten ist die Systemintegrität gewährleistet, die Funktionen werden jedoch eingeschränkt. Es handelt sich um ein Abschalten mit Rückfallebenen. Bei Systemen mit

Fail-Operational-Verhalten kann die Funktion selbst bei Ausfall bestimmter Pfade immer noch ausgeführt werden, da das System über ausreichend redundante Pfade verfügt, welche den ausgefallenen Pfad ersetzen. Neben der Gewährleistung einer sicherheitsgerechten Entwicklung wird auf das Potential zukünftiger Sicherheitssteigerung durch die Implementierung geeigneter Fehlererkennungs- und Diagnosefunktionen in anderen Quellen verwiesen.

Ramdén [87] beschreibt die Möglichkeit von Condition Monitoring an hydrostatischen Antriebseinheiten durch die Aufnahme von Beschleunigungen am Pumpengehäuse und Frequenzanalysen. Die Datenauswertung basiert auf Neuronalen Netzen. An einer Hydraulikpumpe in Schrägachsenbauweise konnten bei konstanter Drehzahl folgende Zustände differenziert werden: unbeschädigt, Kolbenringe entfernt, Lagerringe beschädigt, Kegelrolle beschädigt, Steuerplatte verschlissen. Bei der Anwendung neuronaler Netze aufgrund von Drucksignalen an einem Steuerblock traten teilweise Fehldiagnosen auf. Oppermann [81] zeigt an einer Hydraulikpumpe in Schrägscheibenbauweise die Erkennung von Lagerschäden am Wälzlager sowie die Erkennung von Kavitation mittels Körperschallsensorik auf. Durch einen thermodynamischen Ansatz unter der Verwendung von Druck- und Temperatursensoren beschreibt er die Möglichkeiten zur Erkennung von volumetrischen Verlusten an hydraulischen Linearantrieben.
Ebenfalls mit Hilfe der Körperschallmessmethode untersuchte Langen bereits 1986 die Auswirkungen von erhöhtem Lecköldruck, Überdrehzahl, axialer Belastung auf die Antriebswelle sowie die Beschädigung der Kolbengleitschuhe durch Kerben. Prinzipiell unterscheidet Langen die Verschleißmechanismen an Axialkolbenmaschinen zwischen Reibung (Mischreibung und Festkörperreibung), Werkstoffermüdung (z.B. Dauerbruch), Kavitationserosion und Feststofferosion[8] [66].

Münchhof [71] beschreibt Diagnosemöglichkeiten an einer hydraulischen Servoachse. Im Vergleich der modellbasierten Verfahren zur Fehlererkennung und Diagnose am gesamten Linearantrieb haben datengetriebene bzw. Black-Box Modelle wie z.B. Neuronale Netze die schlechteste Leistungsfähigkeit, da nicht alle Fehler zuverlässig entdeckt werden können. Besonders gute Ergebnisse erhält Münchhof mit physikalischen Modellen. Mithilfe von Paritätsgleichungen können alle Fehler zuverlässig entdeckt und isoliert werden. Parameterschätzverfahren, mit denen das Durchflussverhalten und dadurch insbesondere der Zustand der Steuerkanten ermittelt wird, liefern ebenfalls gute

---

[8]Erosion bedingt durch Schmutzpartikel im Fluid

Ergebnisse. Dabei verwendet Münchhof im Gegensatz zu Stammen [101] linearisierte Ansätze. Die Verfahren auf Basis physikalischer Modellbildung ermöglichen die Detektion von Fehlern an der Wegmesseinrichtung ab einer Abweichung von einem Prozent. Bei der internen Wegmesseinrichtung des Ventilkolbens sind Abweichungen von bis zu $10\mu m$ für die Detektion ausreichend. Fehler der Drucksensoren am Zylinder können ab ca. 1 bar (Nenndruck des Systems: 80 bar) erkannt werden. Im Anschluss an die Fehlererkennung wird durch den Autor die Notwendigkeit einer sinnvollen Fehlerreaktion empfohlen, jedoch nicht genauer ausgeführt. Die häufigste Ausfallursache an einem Linearantrieb sind dem Autor zufolge Fehler am Proportionalventil. Neben der Fehlerdiagnose wird deshalb zur Steigerung der Verfügbarkeit ein 2. Ventil vorgeschlagen (Hardware Redundanz). Beim Ausfall von Sensoren besteht die Möglichkeit durch analytische Redundanz mithilfe weiterer Sensoren das Signal zu rekonstruieren.

Stammen untersucht Verfahren zum Condition Monitoring eines Linearantrieb [101]. Zur Einbindung des Linearantriebes in ein dezentrales Steuerungskonzept werden die Diagnosefunktionalitäten auf einer dezentralen Intelligenz (Mikrocontroller) implementiert. Signalbasierte Diagnoseverfahren werden als sehr sinnvoll angesehen, da sie wenig Rechenleistung benötigen und einfach mit anderen Verfahren kombiniert werden können. Neuronale Netze können Fehler auch bei komplexen Zusammenhängen zuordnen und sind bei begrenzter Rechenleistung sehr interessant. Voraussetzung ist allerdings eine definierte Anregung und ein relativ hoher Trainingsaufwand. Dadurch ist der universelle Einsatz dieser Methode erschwert. FFT Analysen sind für rotatorische Antriebe geeignet, bei Linearantrieben ist der Einsatz nicht sinnvoll. Heuristische Fehlererkennung ist nach Angaben des Autors nur mittels spezieller Sensoren für verschiedene Fehler möglich. Besonders geeignet sind Parameterschätzverfahren, wobei lineare Modelle (z.B. Rekursive Least Square Schätzverfahren) gegenüber den in seiner Arbeit verwendeten nichtlinearen EKF Verfahren (erweitertes Kalman Filter) eine etwas geringere Genauigkeit aufweisen.

Gutmann zeigt die Entwicklung einer methodischen Vorgehensweise zur Diagnose hydraulischer Produktionsmaschinen [50]. Der Ansatz beruht auf einer zentralen, offline arbeitenden Maschinendiagnose. Dabei werden neben den erfassten Messgrößen an Werkzeugmaschinen Expertenwissen und Erfahrungswerte zur Fehlerdiagnose herangezogen. Das Ergebnis ist das internetbasierte Softwaretool "DiHyPro", welches dem Instandsetzungspersonal bei der Reparatur interaktiv zur Verfügung steht.

In [8] und [6] ist die Modellbildung eines stationären hydrostatischen Antriebssystems und der Verifikation des Modells mit dem Ziel der Anwendung in wissensbasierten Expertensystemen [5],[7] beschrieben. Ansatzpunkt ist die Messung von Leckagen zur Schlussfolgerung auf den Systemzustand. Hintergrund für den Einsatz wissensbasierter Systeme ist die Notwendigkeit von menschlicher Erfahrung in Kombination mit modellbasierten Systemen zur vollständigen Diagnose:

> "No analyse is complete without face-to-face discussion with the expert. Scientific knowledge of model-based systems cannot cover the whole range of diagnostic tasks since diagnostic activity is mainly based on experience "[53].

Kimmrich [59] verwendet im Rahmen der modellbasierten Fehlererkennung und Diagnose der Einspritzung und Verbrennung an Dieselmotoren Signalmodelle und Paritätsgleichungen. Er kommt zum Ergebnis, dass die Rechenleistung von aktuell üblichen Mikroprozessoren bei Verbrennungsmotoren und die serienmäßig verfügbaren Sensoren ausreichend sind. Die Verknüpfung zwischen auftretenden Symptomen und Fehlern bzw. Fehlerursachen wird mit Fuzzy-Reglern implementiert.

Die komponentenbasierte Fehlerdiagnose wird von Wolfram am Beispiel einer Asynchronmaschine vorgestellt [111]. Das beschriebene komponentenbasierte Fehlererkennungskonzept wird für die Überwachung gesamter Produktionsanlagen vorgeschlagen. Er untersucht Verfahren zur *zustandsabhängigen Instandhaltung* als auch Verfahren, die eine Fehlererkennung und -diagnose der Komponenten im laufenden Betrieb ermöglichen. Es werden Methoden, die auf Basis von Messdaten nichtlineare Systeme identifizieren können, verwendet. Dies sind in diesem Zusammenhang lokale Modellansätze in Verbindung mit Neuro-Fuzzy Methoden, die sich zur Approximation vieler nichtlinearer Prozesse eignen. Modellgestützte Überwachungsmethoden wie Paritätsgleichungen und Parameterschätzverfahren zeichnen sich nach Angaben des Autors zwar durch eine hohe Diagnosetiefe aus und können Prozesse auch während dynamischer Betriebszustände überwachen – werden wegen des großen Aufwandes für die Modellbildung jedoch nicht angewandt. Für die Überwachung von Asynchronmaschinen, die überwiegend in stationären Betriebspunkten gefahren werden, sind signalmodellgestützte Methoden geeignet (spektrale Signalauswertung). Bei der Anwendung in Servoantrieben wird ein Multimodellansatz zur Residuengenerierung bevorzugt.

Eine Überwachung des Zustandes durch signalbasierte Diagnose mit Beschleunigungssensoren an Lagern und Getrieben bei Windenergieanlagen ist in [4],[51],[108],[109] erläutert. Allgemeine Hinweise zur Messung und Interpretation zu Schwingungen von Maschinen finden sich in VDI 3839. Von Oppermann [81] werden Lagerschäden des Triebwellenlagers einer Axialkolbenmaschine durch FFT erkannt. Neuere Konzepte zur Zustandsbeschreibung an Wälzlagern ergänzen die Vibrationsmessung mit dem Prinzip der Ultraschallreflexion im Schmierspalt zwischen Wälzkörper und Außenring [113]. Das Verfahren ermöglicht dadurch auftretende Veränderungen im Schmierspalt frühzeitig zu entdecken. Die Veränderungen können z.B. Schmutzpartikel, Wasser oder Aceton im Öl sein. Dadurch kann das Auftreten eines Lagerschadens verhindert werden, da das eigentliche Problem bereits erkannt wird, während das Lager noch vollständig intakt ist. Bei der konventionellen Vibrationsmessung liegen beim Auftreten von Änderungen im Spektrum bereits erste Schäden am Lager vor.

In [62] wird von Krallmann für ein Condition Monitoring von mobilen Arbeitsmaschinen ein Multisensor zur Überwachung des Fluids vorgestellt. Dieser soll die vorhandene Sensorik bei hydrostatischen Antrieben ergänzen. Damit werden Informationen über den Zustand des Öls, die bislang aufwendige Labortests erforderten, ermittelt. Der entwickelte Multisensor ermittelt die Temperatur, Viskosität, Dielektrizitätszahl, sowie die relative Feuchte. Aufgrund der individuell notwendigen Anpassung des Sensors an die jeweiligen Randbedingungen ist der vorgeschlagene Sensor für Spezialanwendungen denkbar. Eine Verwendung des Sensors als Standardsensor an hydrostatischen Pumpen wird derzeit aus ökonomischer Sicht nicht angestrebt. Moseler kommt zum Ergebnis, dass auf Mikrokontrollern mit 16-Bit-Festkommaarithmetik durch Paritätsgleichungen eine schnelle Erkennung von Fehlern möglich ist. Für eine genaue Identifikation von Reibungskoeffizienten usw. sind Paritätsgleichungen nicht geeignet. Parameterschätzverfahren zeigen eine wesentlich bessere Diagnosetiefe. Die Auswertung der Merkmale, um auf Fehlerursachen zu schließen, basiert auf einer Fuzzylogik [72].

2.6. Betriebsdatenerfassung

Zur Steigerung der Verfügbarkeit ist es unter anderem erforderlich, vermehrt Betriebsdaten an Maschinen zu sammeln. In diesem Kapitel werden Quellen vorgestellt, bei denen anhand äußerer Messgrößen die Belastungshistorie erfasst wird.

Vahlensieck untersucht in seiner Arbeit die Lastkollektive an Traktoren mit Kettenwandlergetriebe. Er unterscheidet bei den Getriebebeanspruchungen zwischen den Anwendungen Pflügen (hohe Beanspruchung), Eggen, Transportfahrten auf Feldwegen und auf Straßen, Frontladen (hohe Spitzenlasten, viel Leerlauf, Schalten, Kuppeln) und Leerfahrten mit Zapfwellenbetrieb. Am Kettenwandler werden folgende Ermüdungskriterien betrachtet:

1. Längskräfte in den Kettenlaschen führen zu Zugbeanspruchung und zu Ermüdung aufgrund der wechselnden Beanspruchung bei jedem Umlauf.

2. Die Scheiben des Wandlers werden durch Hertzsche Pressung im Funktionskontakt mit den Wiegendruckstücken beansprucht, aufgrund der Gleitbewegung der Wiegendruckstücke kommt es zu Verschleiß.

3. Durch die Energieübertragung werden auch die Wiegendruckstücke durch Hertzsche Pressung beansprucht.

Als Klassierverfahren wird für die Hertzsche Pressung in den Wiegendruckstücken und den Scheiben die kettenumlaufsynchrone Stichprobenklassierung vorgeschlagen, wobei pro Kettenumlauf 10 Messungen entnommen werden. Für die Zugkräfte in der Kettenlasche benutzt Vahlensieck die Rainflowklassierung, wobei ein synthetischer Lastverlauf klassiert wird: Die Zugkräfte in der Kettenlasche werden aus Drehzahl, Anpressdruck und Drehmoment ermittelt. Für den Kettenein- und auslauf werden faktorierte Werte verwendet. Die aufgenommenen Lasten werden mit Schadensakkumulationshypothesen auf Basis der Theorie von Palmgren-Miner den gegebenen Bauteilwöhlerlinien gegenübergestellt und ergeben unmittelbar eine jeweilige Restlebensdauer [104]. Zusammenfassend betrachtet werden die Daten so klassiert, dass Spannungen aufgrund von Anpresskräften in den kritischen Komponenten extrahiert werden. Außer der Grübchenbildung aufgrund der Hertzschen Pressung wird der Oberflächenverschleiß nicht näher untersucht. Zwar wird die Leistung an wesentlichen Stellen durch Reibschluss übertragen, jedoch herrschen beim Kettenwandlergetriebe im Funktionskontakt nur geringe Relativgeschwindigkeiten zwischen den Wirkflächen.

Bei Krananwendungen wird aufgrund gesetzlicher Vorgaben in bestimmten Zeitabständen vom Betreiber der verbrauchte Teil der Nutzungsdauer ermittelt. Dies verlangt eine detaillierte Dokumentation über jeden einzelnen Hub. Eine wesentliche Verbesserung liefert das Load-Cycle-Monitoring Verfahren von Rexroth, welches aus den tatsächlichen Lastverläufen an der Winde des Krans deren theoretisch verbleibende Restnutzungszeit aus der gesetzlich vorgeschriebenen Maximalnutzungszeit empirisch berechnet [16].

Für die Angabe einer Restnutzungszeit von Bremsbelägen und Bremsscheiben bei Kraftfahrzeugen ergibt sich laut Geropp der Bremsenverschleiß aus dem Energieeintrag in das Bremssystem. Damit kann auf Basis des Bremsdrucks über der Zeit ein Rückschluss auf den Bremsenverschleiß gezogen werden. Als weiteres Beispiel nennt der Autor Verdichterräder in Turboladern. Die Schädigung durch Materialermüdung kann dort mit der zeitlichen Verteilung in kritischen Drehzahlbereichen in Korrelation gebracht werden (vgl. mit Out-of-Spec Monitoring in 2.4)[45].

In [36] wurden unter anderem Messungen am Achsantrieb eines Skidders, eines Ackerschleppers und eines Raupenfahrzeugs durchgeführt. Gemessen wurden das Biegemoment und die Torsion. Beide Signale werden getrennt aufgezeichnet durch die Verfahren *Von-Bis-Zählung* und *Rainflow* klassiert. Die Ergebnisse dienen der Definition von Lastverläufen. Der Vergleich mit einachsigen Prüflingen ergibt nach dem örtlichen Spannungskonzept eine Überschätzung der Lastzyklen bis zum Bruch um einen Faktor größer fünf.

2.7. Theoretische Vorgehensweisen zur Restlebensdauerbestimmung

Derzeitige Berechnungsansätze sind nicht für die zuverlässige Angabe einer absoluten Lebensdauer von komplexen Bauteilen bei mehrachsiger Beanspruchung geeignet. Zurzeit ist auch der Zusammenhang zwischen lokaler Spannung bzw. Dehnung auf mikrostrukturaler Ebene und dem Rißbeginn nicht vollständig erforscht [13]. Der Einfluss von Betriebsparametern auf die Betriebsfestigkeit ist jedoch durch einen Vergleich mit der rechnerischen Schädigungen unter bestimmten Betriebsbedingungen möglich [61],[20],[42]. Im Folgenden werden die wesentlichen Verfahren zur Lebensdauerabschätzung aufgeführt.

Arrhenius Beziehung

Die Gleichung nach Arrhenius beschreibt die beschleunigte chemische Reaktion mit zunehmender Temperatur. Damit können lebensdauerbestimmende Zerfalls- und Umwandlungsprozesse quantifiziert werden. Die Reaktionsgeschwindigkeit k ergibt sich in Abhängigkeit der absoluten Temperatur T gemäß **Gleichung 2.10**. Demnach verdoppelt sich näherungsweise die Reaktionsgeschwindigkeit mit einer Zunahme der Temperatur um $10°C$ [10].

$$k = A_a \cdot e^{\frac{-E_A}{R \cdot T}} \qquad [2.10]$$

Ermittlung der Lebensdauer nach Coffin-Manson

Nach Coffin-Manson kann aus der Amplitude der thermischen der plastischen Dehnung eine Ermüdungslebensdauer berechnet werden. Die Zusammenhänge werden beispielsweise in der Halbleitertechnik für die Berechnung der ertragbaren Temperaturwechselbeanspruchung angewendet [9]. Daraus ergibt sich beispielsweise für einen Transistor die Anzahl N der zulässigen Temperaturwechselzyklen mit ΔT zu

$$N = 10^7 \cdot e^{(-0,05 \cdot \Delta T)} \qquad [2.11]$$

Innerhalb eines vorgegebenen Temperaturbereichs ist dieser Ansatz zulässig, der nicht die Absolutwerte sondern nur Wechselzyklen beinhaltet. Wird die Summe der Zyklen auf N bezogen, erhält man eine teilweise Schädigung des elektronischen Bauelements. Nach [54] kann das Verhältnis als die Ausfallwahrscheinlichkeit F(t) interpretiert werden, woraus sich gemäß **Gleichung 2.12** die Zuverlässigkeit beziehungsweise die Überlebenswahrscheinlichkeit $R(t)$ ergibt:

$$R(t) = 1 - F(t) \qquad [2.12]$$

Ermüdung

Bei regelloser Beanspruchung kann mithilfe von Schadensakkumulationshypothesen die Bauteillebensdauer ermittelt werden. Bei den *linearen Schadensakkumulationshypothe-*

sen wird die Häufigkeit der Beanspruchung benötigt, während die zeitliche Abfolge der Beanspruchung über die Nutzungszeit unberücksichtigt bleibt. Im Unterschied dazu werden bei der *nichtlinearen Schädigungshypothese* die Belastungsreihenfolge und die bereits stattgefundene Vorschädigung berücksichtigt [33], [102]. Üblicherweise wird in der industriellen Nutzung die lineare Schadensakkumulation verwendet [98]. Dabei werden folgende Hypothesen angewandt:

- Miner original nach Palmgren [82] und Miner [70]

- Miner elementar (Corten–Dolan [24])

- Miner–Haibach [52]

- Liu–Zenner [13],[48]

Prinzipiell ist die Schädigung bzw. die Schadenssumme D für Ermüdung definiert als

$$D = \sum_{i=1}^{j} \frac{n_i}{N_i}.$$ [2.13]

Die Schwingspielzahlen n der einzelnen Klassen sind durch das Lastkollektiv gegeben. Die je Klasse maximal ertragbaren Schwingspielzahlen N ergeben sich aus der Wöhlerkuve unter Verwendung einer Schadensakkumulationshypothese.

Für die verschiedenen ertragbaren Schwingspielzahlen N je Klasse erhält man nach *Corten-Dolan* bzw. *Miner elementar*:

$$N_i = N_D \left(\frac{\sigma_i}{\sigma_D} \right)^{-k}$$ [2.14]

Gemäß *Miner original* gilt die gleiche mathematische Beschreibung für die Wöhlerkurve mit der Einschränkung, dass unterhalb der Dauerfestigkeit die ertragbaren Schwingspielzahlen unendlich sind ($\sigma_i < \sigma_D : N_i = \infty$). Dies bedeutet, dass Lastamplituden unterhalb der Dauerfestigkeit σ_D keinen Schädigungsbeitrag leisten.

Die Hypothese nach *Haibach* geht davon aus, dass die Wöhlerkurve unterhalb der Dauerfestigkeit flacher verläuft. Es gilt:

$$N_i = N_D \left(\frac{\sigma_i}{\sigma_D} \right)^{-k} \quad | \sigma_i > \sigma_D$$
$$N_i = N_D \left(\frac{\sigma_i}{\sigma_D} \right)^{-(2k-1)} \quad | \sigma_i < \sigma_D$$

[2.15]

Bei einer vorhandenen Wöhlerkurve kann nun ein beliebiges Kollektiv, bestehend aus verschiedenen Schwingspielzahlen n_i und den zugehörigen Spannungsamplituden σ_i in eine Schädigung $D_{Kollektiv}$ umgerechnet werden (**Gleichung 2.13**). Unter der Voraussetzung, dass sämtliche Schwingspiele des Kollektives $N_{Kollektiv} = \sum_{i=1}^{j} N_i$ einer Schädigung $D_{Kollektiv}$ entspricht, und $D_{zul.}$ die maximal zulässige Schädigung des Bauteils ist, lässt sich die Anzahl der insgesamt möglichen Schwingspiele L bei dieser Kollektivform nach 2.16 berechnen.

$$L_{zul.} = \left(\frac{D_{zul.}}{D_{Kollektiv}} \right) N_{Kollektiv}$$

[2.16]

Analog ergibt sich für die maximal zu erwartende Zeit bis zum Versagen T_{gesamt} aus der Dauer des Experiments $T_{Kollektiv}$ oder aus der Anzahl $N_{Kollektiv}$ und der mittleren Drehzahl $\bar{n}_{Kollektiv}$:

$$T_{gesamt} = \left(\frac{D_{zul.}}{D_{Kollektiv}} \right) T_{Kollektiv} = \left(\frac{D_{zul.}}{D_{Kollektiv}} \right) \frac{N_{Kollektiv}}{\bar{n}_{Kollektiv}}$$

[2.17]

Mit einer zulässigen Schädigung von $D_{zul.} = 1$ ergibt sich folglich:

$$T_{gesamt} = \left(\frac{1}{D_{Kollektiv}} \right) T_{Kollektiv} = \left(\frac{1}{D_{Kollektiv}} \right) \frac{N_{Kollektiv}}{\bar{n}_{Kollektiv}}$$

[2.18]

Üblicherweise erfolgt eine Anpassung für die Lebensdauerabschätzung durch den Faktor D, welcher das Verhältnis zwischen den experimentell ermittelten Lastspielzahlen bis zum Versagen und den theoretisch berechneten Lastspielzahlen darstellt [13]:

$$D = \frac{N_{Experiment}}{N_{Berechnung}}$$

[2.19]

Dazu ist eine ausreichende Losgröße im Experiment zu wählen, um anhand Mittelwert und Standardabweichung den Vertrauensbereich der Lebensdauerabschätzung zu ermitteln.

Die tatsächliche Schädigungssumme D_{tats} ist in der Regel kleiner als $D_{th} = 1$. Liegen keine Mittellastschwankungen vor, so wird bei Vorbemessungen und unbekanntem D_{tats} ungeschweißter Bauteile ein Wert von D_{zul} von 0,3 angenommen. Liegen Mittellastschwankungen vor, wird sogar eine Reduzierung auf D_{zul} von 0,1 empfohlen [100] [13].

Bei der *Statischen Bemessung* wird die maximal zulässige Materialbeanspruchung gegen die Werkstoffdehngrenze mit einem Sicherheitsfaktor dimensioniert. Eine sogenannte *Dauerfeste Dimensionierung* liegt vor, wenn Schwingspiele mit maximaler Spannungsamplitude wesentlich öfters als $1 \cdot 10^6$ auftreten. Dies liegt z.B. bei Kurbelwellen, Pleueln von Verbrennungsmotoren oder bei Zahnrädern vor. Die *Betriebsfeste Dimensionierung* wird üblicherweise dann angewandt, wenn eine Spannungsamplitude zulässig ist, welche den Abknickpunkt der Wöhlerlinie überschreitet. Die Betriebsfeste Dimensionierung erfordert ein geeignetes Lastkollektiv und eine zuverlässige Schadensakkumulationshypothese. [100]

Neben den Amplituden der Spannung erfolgt eine Verschiebung der zugrunde gelegten Wöhlerkurven in Abhängigkeit der Mittelspannung. Danach sinkt die Lebensdauer bei gleicher Spannungsamplitude mit zunehmender Mittelspannung [14].

An Zahnrädern wird standardmäßig die Ermüdung durch Biegebeanspruchung am Zahnfuß abgesichert (Zahnfußspannungskollektiv). Außerdem ist das Flankenpressungskollektiv (Hertzsche Pressung) für das Schädigungskriterium Grübchenbildung erforderlich [29]. In DIN 3990 Teil 2 –Berechnung der Grübchentragfähigkeit von Zahnrädern – wird die Hertzsche Pressung als Ursache für Grübchenbildung verwendet. Obwohl weitere Faktoren wie die Reibungszahl, die Richtung und der Betrag des Schlupfes sowie der Einfluss des Schmiermittels auf die Druckverteilung eine Rolle spielen, bleiben diese Zusammenhänge unberücksichtigt, da die Kennwerte an Referenzzahnrädern unter ähnlichen Randbedingungen ermittelt werden [27].

Fressen

Die Fresstragfähigkeit ist noch zu wenig erforscht, um konkrete Berechnungsgleichungen angeben zu können. Beispielsweise können kurzzeitig auftretende Fressschäden an Bronzerädern von Schneckengetrieben wieder ausheilen. Dieses Ausheilen ist nur durch Verschleiß möglich, kann aber zurzeit bei der Abschätzung der Verschleißlebensdauer nicht berücksichtigt werden [30]. Darüber hinaus werden Antriebseinheiten so dimensioniert, dass Fressen nur durch Drehzahlen und Lasten außerhalb der Spezifikation auftreten [91].

2.8. Konkretisierung der Zielsetzung

Übergeordnetes Ziel ist die Steigerung der Verfügbarkeit mobiler Arbeitsmaschinen bei geringen Kosten. Da der hydrostatische Fahrantrieb in vielen Arbeitmaschinen ein wesentliches Systemelement darstellt, sollen die Methoden dazu anhand einer Hydraulikpumpe erläutert werden. Somit ist eine zur Pumpenregelung vorhandene Elektronik durch zusätzliche Funktionen zu erweitern. Dies betrifft insbesondere die Überwachung des Ansteuergeräts (s. *Kapitel 2.2*). Beim Auftreten von Fehlern soll die Funktionalität der Arbeitsmaschine soweit wie möglich zur Verfügung stehen. Darüber hinaus soll die vorhandene Sensorik dazu verwendet werden, relevante Betriebsdaten zu erfassen und ein geeignetes Instandhaltungsverfahren zu unterstützen. Die gesammelten Informationen können zur Steigerung der Verfügbarkeit verwendet werden. Die Axialkolbenmaschine wird auf Basis der zugrundeliegenden Lebensdauerabschätzung getauscht, bevor das System lebensdauerbedingt ausfällt.

Gemäß dem Stand der Technik werden in mobilen Arbeitsmaschinen hydrostatische Pumpen in seltenen Fällen überwacht. Meist sind diese ohne Sensorik im Antriebsstrang verbaut. Kommen in hochwertigeren Maschinen Überwachungsfunktionen zum Einsatz, so werden dafür zusätzliche, rein für die Betriebsüberwachung installierte Sensoren eingesetzt. Ein wesentliches Ziel ist deshalb die Entwicklung eines dezentralen On-Board-Diagnose Systems ohne zusätzliche Sensorik an einer mechatronisch verstellbaren Axialkolbenpumpe. Das System soll die Fehlerursachen möglichst genau eingrenzen, so dass im Fehlerfall die größtmögliche Verfügbarkeit der Maschine erhalten werden kann.

Für den Bereich mobiler Arbeitsmaschinen liegen kaum Informationen bezüglich der realen Betriebslasten vor. Bekannte Systeme zur Betriebsdatenerfassung sind eigens dafür vorgesehene Datenlogger oder Steuergeräte, die parallel zu Regelungszwecken nur klassierende Aufgaben ausführen. Beispielsweise sind Langzeitkollektive von Lastkraftwagen in [83] aufgenommen worden, wobei die Speicherkapazität des Steuergerätes für etwas mehr als eine Woche ausreicht. Unter Beibehaltung der Seriensensorik ist es erforderlich, geeignete Betriebslastkollektive zu definieren und Möglichkeiten zu schaffen, wie diese aus Maschinen im Betrieb gesammelt werden können. Ziel ist es, über eine möglichst lange Betriebsdauer die Betriebslasten für ein Instandhaltungsverfahren bereitzustellen.

Um Angaben zu einer verbleibenden Restlebensdauer zu machen, sind verschiedene Informationen notwendig, welche die Haltbarkeit beeinflussen (**Abbildung 2.11**).

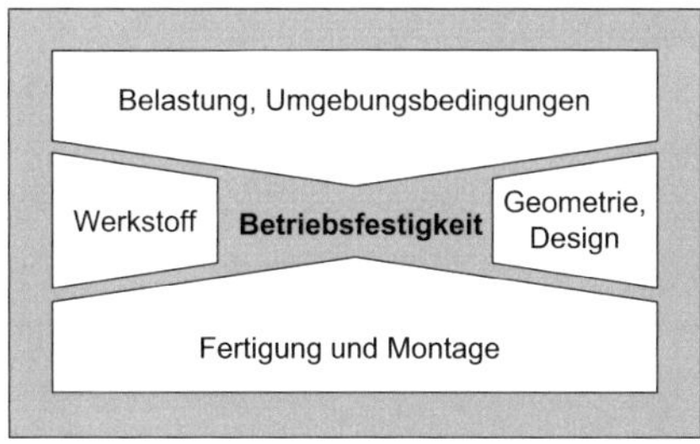

Abb. 2.11.: Einflussfaktoren auf die Betriebsfestigkeit von Komponenten gemäß [13]

Während die Randbedingungen Werkstoff, Fertigungsprozess und Geometrie in der Entwicklung festgelegt werden, hängen die Lastkollektive bzw. Lastspektren, sogenannte „mission profiles" stark von der individuellen Anwendung ab.

Betriebslasten der elektronischen Bauteile werden in anderen Arbeiten untersucht z.B. in [85], so dass eine Betriebslasterfassung im Sinne einer Lebensdauerbetrachtung am Beispiel von Triebwerkskomponenten durchgeführt wird.

3. Betriebsdatenerfassung

Zur Restlebensdauerbestimmung einer Pumpe wird von verschiedenen Autoren vorgeschlagen, für die Zustandsabhängige Instandhaltung ein Condition Monitoring System
zu implementieren [4], [79], [12], [16], [40], [44], [62], [103]. Auf Basis innerer Messgrößen wie Körperschall, Lecköltemperatur usw. wird versucht, den Zustand des Systems zu erfassen, um möglichst kurz vor Eintritt eines gravierenden Ausfalls zu interve-
nieren. Es wird erwartet, dass das Condition Monitoring ausschließlich bei ernstzuneh-
menden Änderungen des Zustands Warnungen ausgibt. Im Umkehrschluss bedeutet dies,
dass das Condition Monitoring System jeden beginnenden Schaden rechtzeitig erkennt.
Es muss vermieden werden, dass Warnungen angezeigt werden, während das System
ohne Mängel arbeitet. Das Condition Monitoring versagt dann, wenn das überwachte
System ohne vorherige Warnungen ausfällt (**Tabelle 3.1**).

Tab. 3.1.: Risiko der Zustandsabhängigen Instandhaltung durch Condition Monitoring

Meldung des Condition Monitoring Systems	Tatsächlicher Zustand des Systems	
	Überwachtes System ist technisch in Ordnung	Ausfall des technischen Systems steht unmittelbar bevor
Keine Warnung	gut	schlecht
Warnung vor bevorstehendem Ausfall	ungünstig	gut

Bei Systemen zu Condition Monitoring von Triebwerken in Axialkolbenmaschinen im
stationären Einsatz geht der Trend zur Verwendung von Körperschallsensoren. Für den
mobilen Einsatz ist die Verwendung von Körperschallsensoren kritisch, weil sich die
Randbedingungen individuell aufgrund wechselnder Umgebungsbedingungen ändern.

Die zustandsabhängige Instandhaltung ist aus zwei verschiedenen Gesichtspunkten im mobilen Einsatz wenig geeignet: Die dafür erforderliche Sensorik muss zusätzlich zu den Standardsensoren eingesetzt werden und führt zu zusätzlichen Kosten. Die Gefahr, dass sich die Inneren Messgrößen aufgrund wechselnder Umgebungsbedingungen ändern und dadurch Fehlalarme ausgelöst werden sind hoch. Deshalb wird in dieser Arbeit ein neuer Ansatz zur Verbesserung der einfachen präventiven Instandhaltung vorgeschlagen. Dies ist die *Belastungsabhängige Instandhaltung*.

Hinsichtlich einer Verfügbarkeitssteigerung ist die Belastungsabhängige Instandhaltung in Verbindung mit einem *Load Cycle Monitoring* für das Triebwerk, also den Leistungsteil der Axialkolbenmaschine, eine wesentliche Neuerung. Das Ergebnis des Load Cycle Monitoring sind die während des Betriebes aufgetretenen Lasten, welche in einer statistischen Restlebensdauerabschätzung verwendet werden. Es wird also nicht wie beim Condition Monitoring erwartet, dass die Pumpe kurz vor dem Ausfall eine Warnung ausgibt. Durch die Kombination des Load Cycle Monitoring mit einer Restlebensdauerabschätzung kann dem Betreiber zu jedem Zeitpunkt die statistische Restlebensdauer ausgegeben werden.

In **Abbildung 3.1** ist die *Belastungsabhängige Instandhaltung* als neue Möglichkeit neben den in *Kapitel 2.3* vorgestellten Verfahren zur Instandhaltung dargestellt. Im Unterschied zur Zustandsabhängigen Instandhaltung werden jedoch nicht der Abnutzungszustand oder der direkte Schädigungsfortschritt durch geeignete Sensoren ermittelt. Vielmehr wird auf Basis der kummulierten Betriebslasten anhand der äußeren Messgrößen eine statistische Restlebensdauerabschätzung vorgenommen. Anhand dieser Informationen werden die Wartungsintervalle festgelegt, ohne dass die tatsächliche, individuelle Restlebensdauer bzw. der tatsächliche Schadensfortschritt bekannt ist (**Abbildung 3.2**). Durch die Kenntnis über die aufgetretenen Belastungen verkürzt sich die reparaturbedingte Stillstandszeit gegenüber der Reaktiven Instandhaltung, da die Wartungsarbeiten durchgeführt werden, bevor der Schaden eintritt. Dies ist auch bei der Zustandsabhängigen Instandhaltung möglich, sofern sichergestellt ist, dass der Schadensfortschritt durch das Condition Monitoring rechtzeitig erkannt wird und noch keine Folgeschäden vorhanden sind. Im Vergleich zur Präventiven Instandhaltung lässt durch die Belastungsabhängige Instandhaltung ebenfalls eine Verkürzung der reparaturbedingten Stillstandszeit erreichen, da die Wartungsarbeiten nicht mehr nach streng vorgegebenen Zeitintervallen, sondern nach „Belastungseinheiten" erfolgen können. Auch gegenüber der Zu-

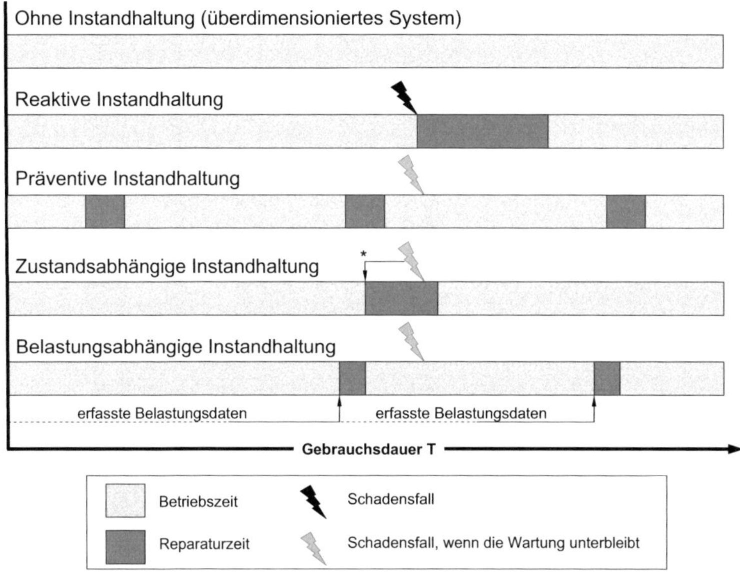

Abb. 3.1.: mögliche Instandhaltungsstrategien technischer Systeme

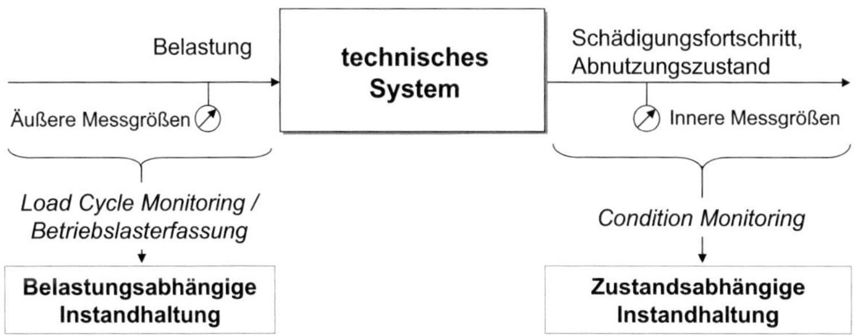

Abb. 3.2.: Unterscheidung zwischen Zustands- und Belastungsabhängiger Instandhaltung

standsabhängigen Instandhaltung lassen sich Vorteile erzielen: Das neue Verfahren der *Belastungsabhängigen Instandhaltung* umgeht die Risiken der reinen zustandsabhängigen Instandhaltung aus Abbildung 3.1: Es wird lediglich eine statistische Angabe zu Restlebensdauern und Wartungsintervallen ausgegeben. Durch statistische Maßnahmen wird sichergestellt, dass mit einer ausreichenden zeitlichen Sicherheit vor dem Ausfall die Wartung durchgeführt wird. Im Unterschied dazu ist bei der Zustandsabhängigen Instandhaltung zu berücksichtigen, dass das Condition Monitoring System erst dann eine Meldung ausgibt, wenn die inneren Messgrößen eine signifikante Abweichung vom Normalzustand aufweisen. Dies bedeutet, dass nicht ausgeschlossen werden kann, dass bereits Folgeschäden bis zur Wartung aufgetreten sein können. Diese möglichen Folgeschäden führen wiederum zu einer längeren Wartungszeit gegenüber der Belastungsabhängigen Instandhaltung.

Zunächst werden in den folgenden Kapiteln die gängigen Klassierverfahren vorgestellt. Details zu den Verfahren finden sich z.B. in [26], [48], [14] sowie eine gute Übersicht in [107]. Im Anschluss werden die für Axialkolbenmaschinen typischen Schadensmechanismen aufgezeigt. Exemplarisch erfolgt eine Ableitung geeigneter Klassierverfahren mit einer neuen Methodik in Form eines generalisierten Ansatzes auf Basis des Contact & Channel Model.

3.1. Übersicht über die Klassierverfahren

Für die Erfassung von Betriebsbeanspruchungen existieren verschiedene Verfahren. Es besteht die Möglichkeit, sämtliche Messgrößen online über der Zeit aufzuzeichnen. Für diesen Zweck gibt es zahlreiche kommerzielle Messprogramme, die überwiegend zu Versuchszwecken verwendet werden. Für die Ermittlung von Betriebslasten an ausgewählten Versuchsfahrzeugen über mehrere Tage oder Wochen sind die damit verbundenen Kosten akzeptabel. Allerdings werden dadurch lediglich sogenannte Kurzzeitkollektive gemessen, die anschließend auf die gesamte Nutzungszeit extrapoliert werden. Peter [84] kam zu dem Ergebnis, dass durch die Extrapolation von Kurzzeitkollektiven die Beanspruchungen bis um den Faktor 70 zu hoch angenommen werden. Er verweist deshalb auf die Notwendigkeit von Langzeitkollektiven. In [83] wird darauf verwiesen, dass die Kurzzeitmessungen nicht repräsentativ sind: Nutzungsänderungen und Sondereignisse wie beispielsweise durch Missbrauch oder Fehlbedienung können zu hohen

Beanspruchungen und zu einer Verkürzung der Lebensdauer führen. Diese Zustände werden nur in Langzeitkollektiven erfasst. Messungen über Monate und Jahre sind erst dadurch möglich, dass durch den Einsatz von Mikroprozessoren die Messdaten online klassiert und nicht die einzelnen Größen als Funktion der Zeit gespeichert werden [83]. Bei der betrachteten elektrohydraulischen Pumpenansteuerung steht ein Speicher (EE-PROM) von 32kB zur Verfügung.

Um bei begrenzter Speicherkapazität sinnvolle Betriebslasten zu erfassen, sind *Klassier-verfahren* erforderlich. Ziel bei der Anwendung von Klassierverfahren ist eine Reduktion des Speicherbedarfs. Die Beanspruchungszeitfunktion wird auf die wesentlichen Merkmale reduziert, so dass ein *Maximum an gewünschter Information bei minimalem Speicherbedarf* verbleibt. Um sinnvolle Klassierverfahren für ein technisches System herauszuarbeiten, sind verschiedene Vorüberlegungen erforderlich [104]:

Es ist zu klären, welche Größen für die Beanspruchung relevant sind, wodurch die Last-spielzahl ermittelt werden kann und ob die erforderlichen Messgrößen direkt gemessen werden können. Je nach zu erwartendem Wertebereich und anzunehmendem Verlauf können auch geeignete Mittelwerte verwendet werden. Meist können dafür gängige Klassierverfahren direkt oder in einer geeignet abgewandelten Form verwendet werden.

Belastungs-Zeit-Abläufe lassen sich nach [20] systematisieren (**Abbildung 3.3**). Je nach Art des Belastungs-Zeit-Ablaufs werden geeignete Klassierverfahren zur Auswertung herangezogen. Während *deterministische* Abläufe einem vorhersagbaren Ablauf unter-liegen, sind *stochastische* Abläufe regellos. *Komplex periodisch* als eine Ausprägung eines deterministischen Lastverlaufs ist beispielsweise die Zahnfußbeanspruchung eines Getriebezahnrades, dessen schwellendes Lastspiel sich in Abhängigkeit des wirkenden

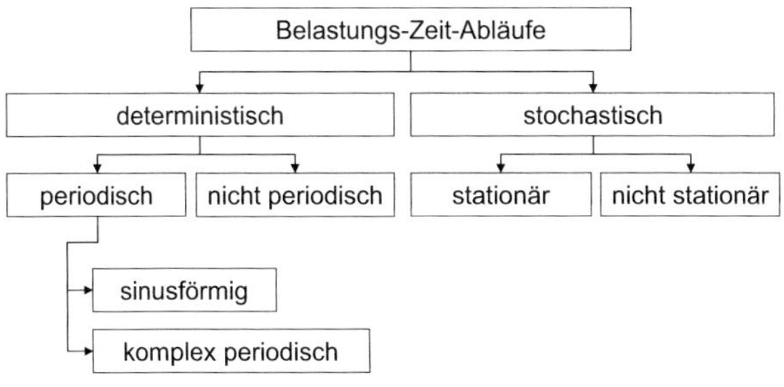

Abb. 3.3.: Systematik der Belastungs-Zeit-Abläufe [20]

Drehmomentes mit jeder Umdrehung wiederholt.

In der Literatur werden die Klassierverfahren auch eingeteilt in *einparametrige* und *zweiparametrige Verfahren* [14]. Der Unterschied besteht darin, dass bei den mehrparametrischen Verfahren die Auswertung in Matrixform dargestellt wird [52]. Diese Einordnung berücksichtigt nicht die signalanalytischen Unterschiede der Verfahren[1]. Deshalb wird eine neue Übersicht zur Verdeutlichung der Unterschiede erstellt (**Abbildung 3.4 – Abbildung 3.6**). Die genormten Verfahren aus DIN45667 [26] sind gekennzeichnet. Dazu werden die Verfahren eingeteilt in *Stichprobenverfahren*, *Verfahren mit Auswertung des Signalverlaufs* sowie *Sonderverfahren*.

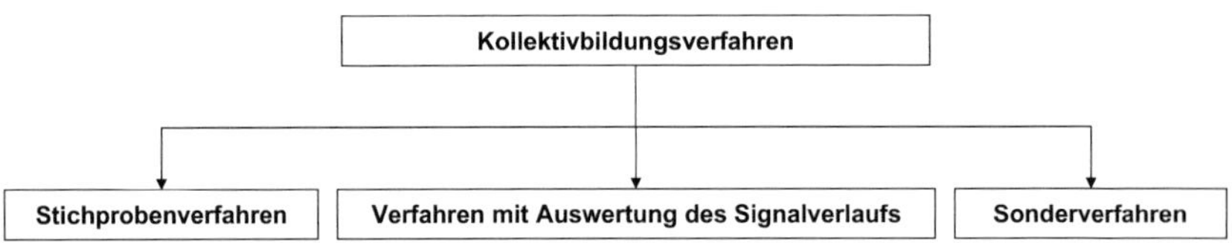

Abb. 3.4.: Übersicht der Kollektivbildungsverfahren

Stichprobenverfahren

Stichprobenverfahren entnehmen aus einem Signalverlauf in bestimmten Zeitintervallen einen Momentanwert auf. Die im Folgenden aufgelisteten Verfahren können den Stichprobenverfahren zugeordnet werden (vgl. **Abbildung 3.5**):

- Einfache Klassierung nach Zeitanteilen (*Momentanwert-Zählverfahren, Klassenhäufigkeit, level distribution counting, Samplingverfahren*)

- Maximalwertspeicherverfahren

- Verbundklassierung (*Klassierung zweier verschiedener Messgrößen nach Zeitanteilen in Abhängigkeit zueinander*)

---

[1] In Matrixform können zum Beispiel die Häufigkeiten von Mittelwerten und Amplituden aber auch die Häufigkeiten mehrerer voneinander unabhängiger Signale abgelegt werden.

- Verweildauerverfahren (*Verweildauerzählung, stay time counting, time at level counting*)

- Drehzahlsynchrone Klassierung

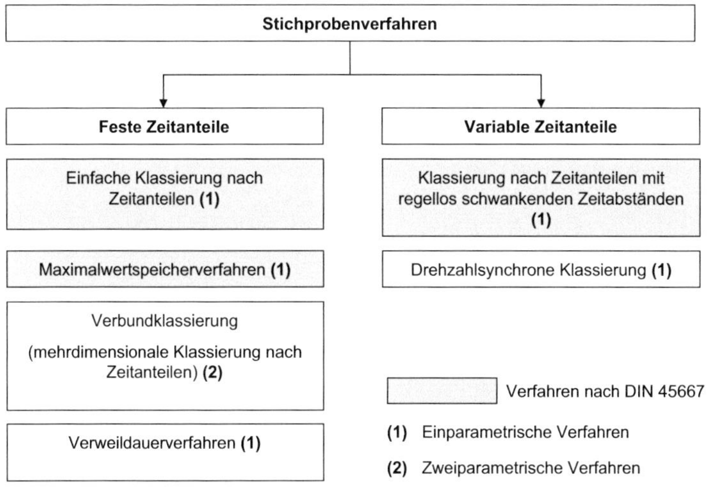

Abb. 3.5.: Stichprobenverfahren

Das Zeitintervall kann fest vorgegeben, statistisch regellos oder in Abhängigkeit von einer anderen Größe, z.B. der Drehzahl, variiert werden. Diese Art der drehzahlabhängigen Klassierung wird erstmals von Buck [19] vorgeschlagen. Basierend auf der drehzahlabhängigen Klassierung adaptiert Vahlensieck bei der Lastaufnahme eines stufenlosen Kettenwandlergetriebes die Triggerung und bezieht sich auf den Takt eines Kettenumlaufs. [104]. Die *Maximalwertklassierung* entnimmt aus einem bestimmten Intervall den Maximalwert, welcher sowohl ein lokales als auch ein globales Maximum sein kann. Stichprobenverfahren sind in ihrer ursprünglichen Definition einparametrige Verfahren. Werden zwei verschiedene Messgrößen in Abhängigkeit zueinander als Stichproben klassiert, spricht man von einer Verbundklassierung. In der Literatur wird die Verbundklassierung, also die Klassierung von zwei oder mehreren unabhängigen Signalen auch als *„zweiparametrige Klassierung nach Zeitanteilen"* [104] oder *„zweiparametrisches Samplingverfahren"* [52] benannt.

Verfahren mit Auswertung des Signalverlaufs

Die Auswertung beruht auf der Analyse des Signalverlaufs ausgehend von Extrema oder anhand von Klassendurchgängen. Beim *Klassendurchgangverfahren* wird beispielsweise das Überschreiten der Klassengrenzen gezählt.

Die *extremwertbasierten Verfahren* werden unterteilt in Verfahren, welche *einzelne Extrema* verarbeiten, *benachbarte Extrema* auswerten sowie Verfahren, die *Extrema über einen längeren Zeitraum* auswerten (vgl. **Abbildung 3.6**). Dies sind im Detail:

- Spitzenwertverfahren I–III

- Spannenverfahren (*Range Counting, Bereichszählung, Schwingbreitenzählung, Counting of Single ranges, range-count*)

- Spannenmittelwertverfahren (*Bereichsmittelwertzählung, Range-mean-counting*)

- Von-Bis-Zählung (VBZ)

- Spannenpaarverfahren (*Bereichspaarzählung, range pair counting, counting of range-pairs*)

- Bereichspaar-Mittelwertzählung (*range pair mean counting, range pair range counting*)

- Rainflowverfahren (*Regenflussmethode, Pagodendachverfahren*)

Sonderverfahren

Unter Sonderverfahren (Sonderereigniskollektive) werden allgemein Auswertungen verstanden, welche besondere Vorgänge, Ereignisse oder Arbeitsprozesse auswerten – zum Beispiel die Zählung von Kaltstartvorgängen.

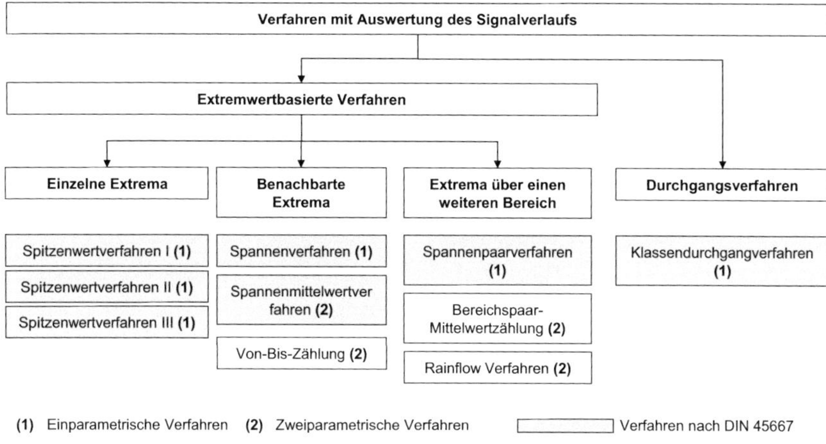

Abb. 3.6.: Verfahren mit Auswertung des Signalverlaufs

3.1.1. Vergleich der Verfahren

Für die weitere Vorgehensweise sind die Eigenschaften der Verfahren zu vergleichen. In diesem Kapitel werden die weiter in Frage kommenden Verfahren bestimmt.

Die Klassierverfahren verfolgen die Idee der Schadensakkumulationshypothesen nach Miner und den daraus weiterentwickelten Verfahren. Dieser Forderung werden die zweiparametrischen Verfahren wie die Rainflowzählung vollständig gerecht, da sie bei der Auswertung der Bauteilspannung die Spannungsamplituden und Spannungsmittelwerte für die Betriebsfestigkeitsrechnung bereitstellen. Dies ist jedoch nur dann der Fall, wenn durch geeignete Sensoren der zeitliche Verlauf der örtlichen, mechanischen Spannungen im Bauteil als Belastungszeitfunktion im Klassierverfahren ausgewertet wird. Prinzipiell folgen auch die einfacheren, einparametrischen Verfahren das Ziel, Häufigkeiten einzelner Zyklen aufzulösen [48].

Im Allgemeinen wird das Rainflowverfahren verwendet, da es von den 2-parametrigen Verfahren den Schädigungseintrag durch die Belastungszeitfunktion hinsichtlich Ermüdung am besten wiedergibt [58]. Die *Bereichspaarmittelwertzählung* hat deshalb an Bedeutung verloren. Kunz [64] verwendet in seiner Arbeit das Rainflowverfahren für das Getriebeeingangskollektiv. Er nimmt für die Getriebeeingangswelle das übertragene Drehmoment als schädigungsrelevant an. Der stochastische Lastverlauf erfordert eine

Rainflowzählung und enthält durch die Belastungsmittelwerte und -amplituden alle signifikanten Daten für die Lebensdauerberechnung der Getriebeeingangswelle. Einparametrige Klassengrenzüberschreitungsverfahren und Spannenverfahren werden aufgrund vieler Erfahrungen und Vergleichsaufnahmen in der Vergangenheit immer noch genutzt. Die Ergebnisse dieser Verfahren lassen sich aus den Rainflowmatrizen ableiten [61],[48]. Historisch gesehen wurden diese Verfahren für mechanische Zählwerke entwickelt, welche schon seit einiger Zeit durch elektronische Zähler abgelöst wurden und deshalb nicht mehr zeitgemäß sind. Das Klassendurchgangverfahren wurde in der Vergangenheit häufig für Lebensdauerabschätzungen verwendet [14]. In [13] wird nachgewiesen, dass bei veränderlichen Mittelwerten das Klassendurchgangsverfahren unbefriedigende Ergebnisse liefert. Beim Klassendurchgangsverfahren gehen wichtige Informationen über Amplitude und Mittelwert der einzelnen Schwingungen, wie sie zur Schadensakkumulationsrechnung benötigt werden, verloren. Aus diesem Grund wird in der Literatur empfohlen, die 2-parametrige Rainflowzählung als Dimensionierungsgrundlage für Getriebewellen etc. zu verwenden. Vahlensieck [104] erwähnt das Verfahren der Klassengrenzüberschreitung, es findet in seiner Arbeit jedoch keine Anwendung. Dennoch ermöglicht das Klassendurchgangsverfahren einen guten Überblick über die in der Belastungszeitfunktion enthaltenen Extrema [17], [75].

Neben dem Rainflowverfahren ist in der Antriebstechnik laut [75] aus der Reihe der 2-parametrigen Verfahren die Von-bis-Zählung von Belang. Das Ergebnis der Von-bis-Zählung, die sogenannte Markov-Matrix, gibt einen guten Überblick über die Charakteristik der Belastungszeitfunktion. Für die Schädigungsrechnung durch Ermüdung wird auch hier das Rainflowverfahren empfohlen, da durch die Erfassung von Hysteresen eine sinnvolle Beschreibung der Werkstoffschädigung durch Ermüdung vorliegt. Das Rainflowverfahren wird heutzutage als das Verfahren angesehen, welches die durch eine Beanspruchungszeitfunktion verursachte Schädigung in Form von Spannungs- bzw. Dehnungsmittelwerten und -amplituden am besten erfasst [48]. Das Verfahren ist auch für die Auswertung von angreifenden Kräften und Drehmomenten geeignet [48].

Damit ist unter den zweiparametrigen Verfahren die Rainflowmethode das Zählverfahren der Wahl, wenn stochastische Messwerte hinsichtlich ihrer Amplitude und des Mittelwertes analysiert werden sollen. Diese können anschließend für eine Schädigungsakkumulationsrechnung weiterverarbeitet werden. Es ist zu berücksichtigen, dass durch das Rainflowverfahren Informationen wie Reihenfolge und Frequenz verloren gehen.

Dies ist formal ohne Bedeutung, da diese Größen keinen Einfluss auf die Lebensdauerberechnung mit Hilfe der Schadensakkumulation haben [75].

Für Lebensdauerberechnungen werden die *Spitzenwertverfahren*, das Spannenmittelwertverfahren sowie das Spannenverfahren nicht empfohlen, da diese Verfahren für Lebensdauerberechnungen unzureichend Information über die einzelnen Spannungsamplituden und deren Mittelwerte erfassen [107]. Das Ergebnis der Bereichspaarmittelwertzählung ist identisch mit der Rainflowzählung.

Wenn einparametrische Verfahren verwendet werden, sind aus heutiger Sicht das Klassendurchgangsverfahren und die Bereichspaarzählung zu bevorzugen [48]. Bei lediglich *konstanten Mittelwerten* sind diese Verfahren auch für eine Schädigungsakkumulationsrechung geeignet. Laut Vahlensieck [104] werden in der Antriebstechnik üblicherweise folgende Klassierverfahren verwendet, wobei in der Antriebstechnik die wichtigsten mit "*" gekennzeichnet sind:

- Drehzahlsynchrone Klassierung *

- Einfache Klassierung nach Zeitanteilen

- Verbundklassierung

- Klassendurchgangsverfahren

- Rainflow *

Zusammenfassend werden bei der Suche nach geeigneten Verfahren zur Kollektivbildung empfohlen: Bei Signalen mit deterministisch - periodischem Verlauf ist das Stichprobenverfahren vorzuziehen. Bei Signalen mit stochastischem Verlauf sollte vorzugsweise das Rainflowverfahren verwendet werden.

3.1.2. Beispiele für die Auswahl von Klassierverfahren

Tabelle 3.2 zeigt eine Übersicht zu den in der Antriebstechnik üblichen Verfahren sowie deren Anwendungen. *Rein schwellende* und *rein wechselnde* Belastungen lassen sich mit einem Parameter beschreiben, da entweder die enthaltenen Minima (bzw. Maxima) oder

Tab. 3.2.: Beispiele für die Verwendung von Klassierverfahren

	komplex periodische Beanspruchung	stochastisch Beanspruchung	Einfache Klassierung nach Zeitanteilen	Drehzahlsynchrone Klassierung	Verbundklassierung	Rainflow
Zahnrad	✓		M_d	M_d [19], [104]	M_d, n	
Antriebswellen		✓				$M_d,$
Gehäuse, Karosserieteile		✓				σ, δ
Wälzlager	✓		M_d [104]	F_i	F_i, n	
Verbrennungsmotor	✓				M_d, n	

die Mittelwerte immer gleich sind [64]. Als Beispiel dienen Zahnräder, die mit genau einem anderen Zahnrad im Eingriff sind. Jeder Zahn erfährt eine rein schwellende Belastung mit jeder Umdrehung. Demzufolge ist für die Dimensionierung von Zahnrädern eine Verbundklassierung aus Drehzahl und Drehmoment geeignet. Aus der Drehzahl lassen sich die Häufigkeiten der Zahneingriffe mit dem zugehörigen Drehmoment ableiten. Alternativ kann auch eine Drehzahlsynchrone Stichprobenklassierung erfolgen, welche unmittelbar die Häufigkeit und Belastungsamplitude jedes Zahneingriffs zur Verfügung stellt. Diese Daten können dann in einer Zahnfußbetriebsfestigkeitsrechnung und Flankentragfähigkeitsberechnung [86] angewendet werden. Die drehzahlsynchrone Zählung benötigt weniger Speicherplatz gegenüber der Verbundklassierung aus Drehzahl und Drehmoment. Auch eine einfache Klassierung des Drehmomentes nach Zeitanteilen ist zulässig, solange die Drehzahl nicht zu sehr schwankt [104].

Wellen als Maschinenelemente verkörpern in ihrer Funktion Tragstrukturen zur Übertragung von Energie bzw. Leistung. In einem konstanten Betriebspunkt wird am Zahnrad jeder einzelne Zahn periodisch belastet. Die Welle unterliegt im Gegensatz dazu bei einem konstanten Betriebspunkt einer stationär gleichbleibenden Drehmomentbelastung.

Für die Ermüdung hat dies zur Folge, dass ein stochastischer Belastungsverlauf (Drehmoment) vorliegt, der üblicherweise mit dem Rainflowverfahren klassiert wird [64].

Die nominelle Lebensdauer L (Anzahl der Umdrehungen) von Wälzlagern ergibt sich aus der Lagertragfähigkeit C und der dynamisch äquivalenten Lagerbelastung P zu[2]:

$$L = \left(\frac{C}{P}\right)^{p} \qquad [3.1]$$

Die mittlere dynamisch äquivalente Lagerbelastung P bei veränderlicher Drehzahl und Last wird aus den einzelnen Lagerkräften und zugehörigen Drehzahlen gemittelt. Ist das notwendige Kollektiv der Lagerkraft F und die zugehörige Drehzahl (Verbundklassierung aus Drehmoment und Drehzahl) bekannt, so lässt sich die im Betrieb auftretende Lagerbelastung zur Berechnung einer nominellen Restlebensdauer gemäß Gleichung 3.1 verwenden. Belastungen auf Wirkflächenpaare, welche einer tribologischen Beanspruchung unterliegen, können ebenfalls durch bestimmte Kollektivbildungsverfahren nachvollzogen werden. So lassen sich Verschleißraten beispielsweise in Abhängigkeit der Pressung und der Relativgeschwindigkeit abschätzen [11]. Ein Beispiel ist die Abnutzung von Bremsbelägen und Bremsscheiben an Fahrzeugen. Der Funktionskontakt dient der Umwandlung von kinetischer Energie in Wärme. Aus dem Energieeintrag, welcher sich durch eine Verbundklassierung aus der Relativgeschwindigkeit der Reibpartner und des Bremsdruckes erfassen lässt, kann näherungsweise die Restlebensdauer der Verschleißkomponenten berechnet werden [45]. Abweichungen zwischen dem geschätzten und dem tatsächlichen Materialabtrag können sich z.B. durch Fadingeffekte ergeben. Das Beispiel verdeutlicht, dass der Materialabtrag bei Wirkflächenpaaren, deren elementare Funktion auf Reibschluss basiert, möglich ist. In Hydraulikaggregaten wird durch hydrostatische bzw. hydrodynamische Entlastung versucht, den unerwünschten Festköperkontakt durch eine weitere Leitstützstruktur des Fluids zu minimieren. Dadurch überwiegt der Zustand des Fluids, so dass Verunreinigungen wesentlich stärker zum Verschleiß beitragen als hohe Betriebslasten.

Nach Einlaufvorgang und Betrieb innerhalb der Spezifikationen wird keine weitere Abnutzung bei Axialkolbeneinheiten beobachtet. Lediglich Schmutz, Viskosität, Relativgeschwindigkeit und Anpresskraft beeinflussen den Verschleiß.

---

[2] p:= Lebensdauerexponent

Betriebspunkte, Verbrauch Wirkungsgrad

Die 2-dimensionale Verbundklassierung aus Drehmoment und Drehzahl eines Verbrennungsmotors bildet unmittelbar die Aufenthaltshäufigkeit der jeweiligen Betriebspunkte im Motorenkennfeld ab. Die Auswertung unterstützt bei der Suche nach Verbrauchsoptimierung, indem Betriebspunkte mit ungünstigen Wirkungsgraden konstruktiv oder durch entsprechende Fahrertrainings nach Möglichkeit vermieden werden. Auch allein die Nutzung von Fahrgeschwindigkeitskollektiven (Verweildauerklassierung der Fahrgeschwindigkeit) dient dazu, den Wirkungsgrad von leistungsverzweigten Getrieben so auszulegen, dass der Wirkungsgrad über die gesamte Einsatzdauer optimiert wird [92].

3.1.3. Klassierung von Messdaten nach dem Rainflowverfahren

Die Rainflow-Klassierung wurde 1969 von T. Endo und M. Matsuiski entwickelt. Sie identifiziert zusammenhängende Schwingspiele in einem Signalverlauf. Zunächst wird eine Folge von Messwerten auf ihre Extremwerte reduziert, wobei die Reihenfolge der folgenden Extrema erhalten bleibt. Die Information über die zeitlichen Abstände zwischen den Extremwerten ist für das Verfahren nicht erforderlich. Daher wird von nun an jedem Extremwert eine Messwertnummer zugeordnet. Bei dem Verfahren wird nun ein „Regentropfen" angenommen, der entlang des Signalverlaufs „fließt". Dazu wird der Signalverlauf gekippt, sodass die Achse der Messwertnummern senkrecht verläuft. Die Folge der Extremwerte 0, 6, 4, 7, 5, 8, 1, 5, 0 wird wie in **Abbildung 3.7** dargestellt. Der Regentropfen beginnt immer an der Innenseite des Verlaufs bei einem Extremwert zu fließen. Regen, der von oben heruntertropft, stoppt dabei den Fluss unterhalb. Ein halber Schwingzyklus wird gezählt, wenn ein Fluss, der in einem Minimum entspringt durch ein gleich großes bzw. ein noch „extremeres" Minimum gestoppt wird. Nach dem gleichen Schema wird für Maxima verfahren. Zwei halbe Schwingzyklen, die ein gemeinsames Extremum haben werden zu einem Vollzyklus zusammengefasst. In der Abbildung beginnt der Regen bei Punkt A zu fließen bis zu Punkt F, was einen Halbzyklus ergibt. Dieser besitzt die Schwingbreite 8 und den Mittelwert 4. Weiterhin beginnt der Regen bei Punkt B und C zu fließen. Der Fluss beginnend an der Innenseite des Punktes C wird dabei unterhalb von B (wenn also die Gerade zwischen den Punkten C und D den Wert 6 erreicht) vom oberen Fluss gestoppt, es ergeben sich also zwei Halbzyklen, die ein gemeinsames Extremum aufweisen (Punkt C). Es wird daraus ein Vollzyklus mit

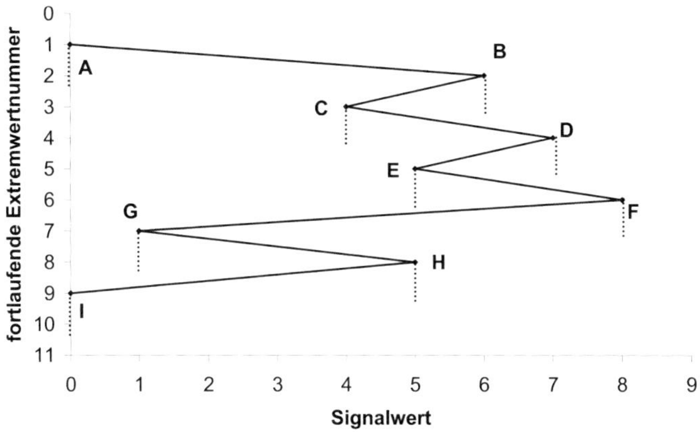

Abb. 3.7.: Funktionsweise des Rainflow Algorithmus

der Schwingbreite 2 und dem Mittelwert 5 gezählt. Verfährt man nach diesem Schema weiter, so werden für den restlichen Signalverlauf noch ein Halbzyklus von Punkt F bis I und zwei Vollzyklen gezählt, nämlich zwischen D, E und dem Punkt unterhalb von D. Außerdem zwischen G, H und dem Punkt unterhalb von G. Das Zählergebnis wird anschließend zweckmäßigerweise in einer Matrix gespeichert (**Tabelle 3.3**). [34]

Tab. 3.3.: Klassenmatrix

	Mittelwert								
	0	1	2	3	4	5	6	7	8
0	0	0	0	0	0	0	0	0	0
1	0	0	0	0	0	0	0	0	0
2	0	0	0	0	0	1	1	0	0
3	0	0	0	0	0	0	0	0	0
4	0	0	0	1	0	0	0	0	0
5	0	0	0	0	0	0	0	0	0
6	0	0	0	0	0	0	0	0	0
7	0	0	0	0	0	0	0	0	0
8	0	0	0	0	1	0	0	0	0

(Schwingbreite — row labels, left axis)

3.2. Generalisierter Ansatz zur Ableitung der Betriebsdatenerfassung

Zur Ableitung einer geeigneten Betriebsdatenerfassung wird eine Vorgehensweise entwickelt, die für beliebige technische Systeme anwendbar ist und im Wesentlichen auf dem Contact & Channel Modell (C&C–M) beruht (vgl. **Abbildung 3.8**). Ausschlaggebend für die Verwendung des C&C–M ist die Möglichkeit einer schnellen und zuverlässigen gedanklichen Erfassung des Systems.

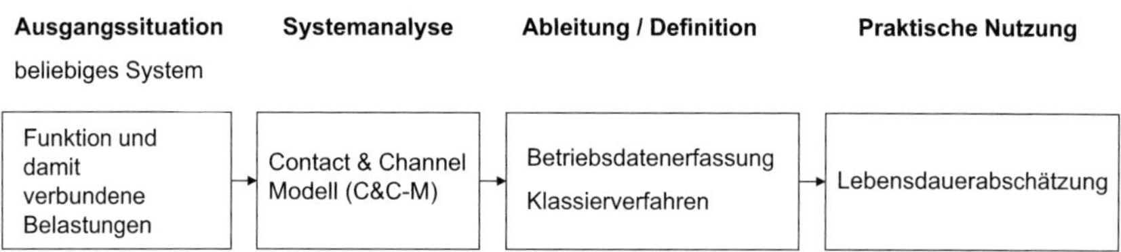

Abb. 3.8.: Vorgehensweise zur Ableitung einer geeigneten Betriebsdatenerfassung mit einem generalisierten Ansatz

Ziel des generalisierten Ansatzes ist es, für ein beliebiges technisches System geeignete Verfahren zur Betriebsdatenerfassung und Betriebsdatenkomprimierung zu finden. Die Vorgehensweise wird exemplarisch am Beispiel der Axialkolbenmaschine im Fachgebiet der Hydraulik erörtet. Es wird postuliert, dass sämtliche Beanspruchungen auf beteiligte Bauteile aus einer Funktion resultieren, an welcher diese beteiligt sind. Die Beanspruchungsart und der Verlauf der Belastung werden also maßgebend durch die zugrundeliegende Funktionen bestimmt. Dies bedeutet, dass mit dem C&C–M aus der Funktion die erforderlichen Betriebsdaten abgeleitet werden können. Dazu werden die einzelnen Funktionen auf Bauteilebene betrachtet, um einen Bezug zum lebensdauerrelevanten Schädigungsfortschritt der beteiligten Bauteile herzustellen, wobei jeweils die Hauptfunktionen im Vordergrund stehen.

Die gesammelten Betriebsdaten können, sofern eine geeignete Schadensakkumulationshypothese [52] vorhanden ist, zu einer Lebensdauerabschätzung verwendet werden. Lebensdauerabschätzungen im Rahmen der betriebsfesten Bauteildimensionierung sind für Festigkeitsberechnungen schon seit langem Stand der Technik. Dabei wird innerhalb der Leitstützstrukturen eines Bauteils die Schädigung bezüglich Rissbildung berechnet. Dies ist im Rahmen der Kontaktlebensdauer aufgrund Hertzscher Pressung bis knapp unter die Wirkfläche des jeweiligen Bauteils möglich. Die Schädigung der Wirkflächen zwischen zwei Bauteilen ist ein komplexer tribologischer Vorgang, zu welchem aktuell keine allgemeingültigen Schadensakkumulationshypothesen zur Berechnung eines Abnutzungsgrades bzw. Verschleißgrades in Abhängigkeit der äußeren Belastung vorliegen.

Das C&C–M basiert auf drei Grundhypothesen[3] und eignet sich sowohl für die kreative Neuentwicklung technischer Systeme als auch für die Analyse bestehender Systeme und Prinzipien [69]. Die auftretenden Belastungen werden anhand eines C&C–M für die Axialkolbenpumpe auf prinzipbedingte Einflussfaktoren untersucht.

Das Elementmodell beschreibt ein technisches System mit den Begriffen Wirkflächen (WF), Begrenzungsflächen (BF), Wirkflächenpaar (WFP), Funktionskontakt (FK), Leitstützstruktur (LSS), Tragstruktur (TS), Reststruktur (RS), Wirkstruktur (WS). Bei der Modellbildung muss eine geeignete Betrachtungsauflösung bzw. Detaillierung gewählt werden.

Das C&C–M ist fraktal, es kann auf unterschiedlichen Detaillierungsebenen immer wieder nach gleicher Vorgehensweise angewendet werden. Der angewandte Detaillierungsgrad kann vom Anwender problemspezifisch gewählt werden [69]. Bei der Analyse eines bestehenden Systems wird z.B. gemäß dem Prinzip „Top down" von der obersten Hierarchieebene ausgegangen [2].

Ergänzend sei angemerkt, dass in der allgemeinen konstruktionsmethodischen Literatur die Begriffe *Energie*, *Stoff* und *Information* grundlegend nebeneinander gestellt werden. Somit werden auch im Sinne des C&C–M Kraft, Strom, Wärme usw. dem Überbegriff *Energie* zugeordnet, obwohl dies aus physikalischer Sicht nicht ganz korrekt ist. Diese modellhafte Vereinfachung ist gemäß der Basisliteratur zum C&C–M richtig [3].

In der Arbeit von Schyr [99] wurde bereits ein C&C–M für ein einfaches hydrostatisches Getriebe mit niedrigem Detaillierungsgrad vorgestellt (**Abbildung 3.9**). Die rechte Abbildung zeigt das hydrostatische Getriebe, bestehend aus Hydropumpe und Hydromotor mit jeweils zwei Wirkflächen. Eine zur Übertragung der mechanischen Energie (WF1

---

[3]Details im Anhang unter *Kapitel A*

und WF2) sowie die Wirkflächen zur Vorgabe des Schwenkwinkels von Pumpe beziehungsweise Motor (WF3 und 4).

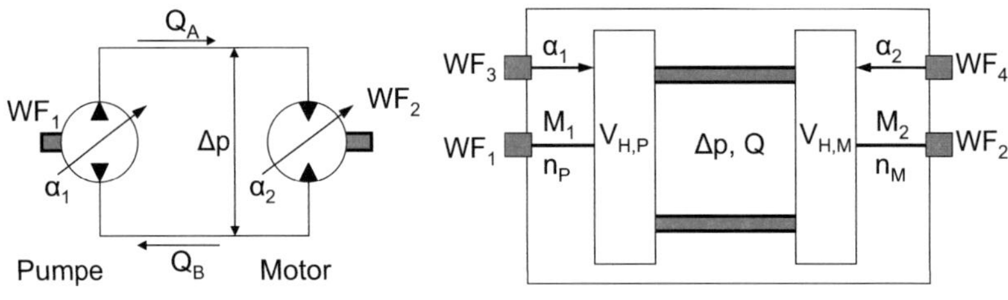

Abb. 3.9.: Modellstruktur für hydrostatische Getriebe [99]

Die Funktion der Hydraulikpumpe, ganz allgemein ausgedrückt, ist die Wandlung von mechanischer in hydraulische Energie [78]. Auf dieser oberen Hierarchieebene ist die Betrachtung noch sehr abstrakt und ein Bezug zu Beanspruchungen oder Schädigungen schwer herstellbar. Bei diesem Detaillierungsgrad ist noch nicht festgelegt, ob es sich beispielsweise um eine Kreiselpumpe mit hydrodynamischer Wirkungsweise, eine Flügelzellenpumpe, eine Zahnradpumpe usw. oder um eine Kolbenpumpe handelt. Dennoch lässt sich bereits anhand der technischen Spezifikationen einer Pumpe feststellen, ob diese bereits an ihrer Leistungsgrenze betrieben wird bzw. *wieviel* physikalische Arbeit bereits umgesetzt wurde.

Die von der Pumpe erzeugte bzw. umgesetzte hydraulische Energie pro Zeit also Leistung setzt sich zusammen aus dem Volumenstrom Q und der herrschenden Druckdifferenz:

$$P = Q \cdot \Delta p = V_{H,P} \cdot n \cdot \Delta p \qquad [3.2]$$

Daraus ergibt sich unmittelbar die von der Pumpe abgeleistete Arbeit über ihrer bisherigen Lebensdauer:

$$W = \int P dt = \int (Q \cdot \Delta p) dt = \int (V_{H,P} \cdot n \cdot \Delta p) dt \qquad [3.3]$$

Individuelle Belastungen der Bauteile werden bei dieser abstrakten Betrachtung nur indirekt berücksichtigt, indem man zugrundelegt, dass die *zulässigen Betriebsgrenzen* durch die Beanspruchbarkeit der inneren Funktionsgruppen bestimmt sind.

Zwischenfazit

Für eine beliebige Pumpe kann durch diese einfache Betrachtung bereits vorgeschlagen werden, dass der bislang in vielen Maschinen verwendete Betriebsstundenzähler durch ein *Out-of-Spec-Monitoring* der Art erweitert wird, dass die Betriebsgrenzen Drehzahl n und Δp aus dem hydraulischen Leistungsbegriff hinsichtlich der Überschreitung vorgegebener Grenzen überwacht werden.

Zusätzlich resultiert daraus eine Erweiterung um einen „Energiezähler", welcher gemäß Gleichung 3.3 außer den Betriebsstunden die tatsächlich abgeleistete Arbeit dokumentiert.

3.3. Anwendung des C&C–M für eine Axialkolbenpumpe

Die neu erstellte Vorgehensweise zur Ableitung von Klassierverfahrens in Form eines generalisierten Ansatzes unter Verwendung des C&C–M ist in **Abbildung 3.10** abgebildet. Auf die einzelnen Schritte wird im Folgenden eingegangen.

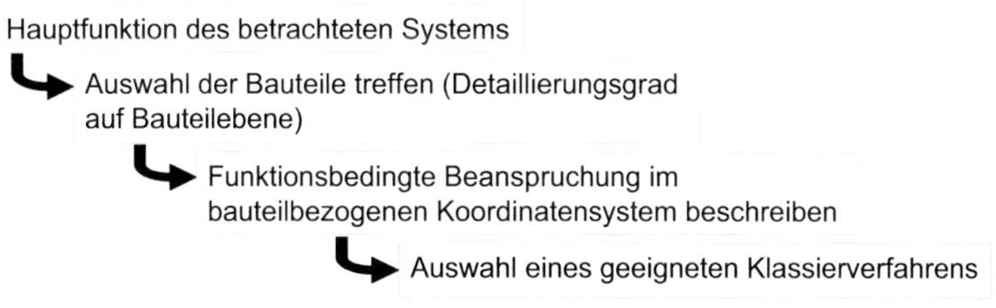

Hauptfunktion des betrachteten Systems

↳ Auswahl der Bauteile treffen (Detaillierungsgrad auf Bauteilebene)

↳ Funktionsbedingte Beanspruchung im bauteilbezogenen Koordinatensystem beschreiben

↳ Auswahl eines geeigneten Klassierverfahrens

Abb. 3.10.: Vorgehensweise bei der Systemanalyse zur Auswahl von Kollektivbildungsverfahren anhand des C&C–M

Für den ersten Schritt ist in **Abbildung 3.11** die Grund- bzw Hauptfunktion einer Hydraulikpumpe mit der Funktion „Wandlung mechanischer Energie in hydraulische Energie" dargestellt. Die Abbildung zeigt, dass es sich um das Funktionsprinzip Kolben in der Ausführung als Schrägscheibenpumpe handelt. Detaillierter veranschaulicht erhält man durch einfache Untergliederung der Hauptfunktion die Funktionsbeschreibung für die Axialkolbenmaschine gemäß **Abbildung 3.12**. In dieser Darstellung ist zwar die Funktion bereits in Teilfunktionen untergliedert, jedoch ist der Bezug zu den beteiligten Bauteilen nur bedingt ersichtlich. Aus diesem Grund ist es vorzuziehen, im nächsten Schritt den Detaillierungsgrad auf Bauteilebene zu legen.

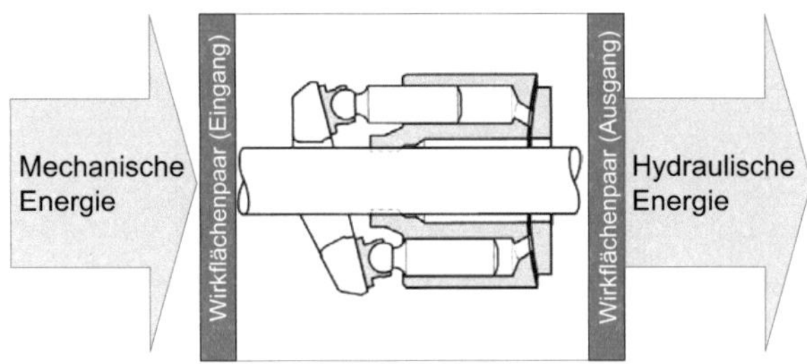

Abb. 3.11.: Grundfunktion einer Hydraulikpumpe unter Vorgabe des Axialkolbenprinzips in Schrägscheibenbauweise

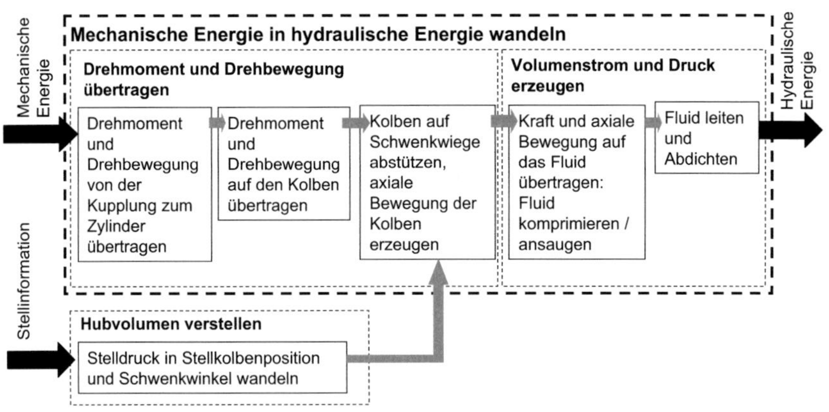

Abb. 3.12.: Funktionsstruktur der Axialkolbenmaschine

Im zweiten Schritt erfolgt die Auswahl der Bauteile (Detaillierungsrad auf Bauteilebene). Die Bauteilauswahl erstreckt sich über die zur Erfüllung der Grundfunktion re-
levanten Komponenten am Beispiel des Triebwerks über die Triebwelle, den Zylinder
(Kolbentrommel), die Schwenkwiege sowie die Kolben mit Kolbengleitschuhen und die
Steuerplatte (vgl. auch Abbildung 2.3).

Im dritten Schritt werden die Funktionen den Bauteilen zugeordnet und die daraus re-
sultierende Beanspruchungen betrachtet. Dies geschieht dadurch, dass die Wirkflächenpaare und Leitstützstrukturen, zur Funktionserfüllung bestimmt werden. Zur Funktionserfüllung sind grundsätzlich gemäß der Basisdefinition des C&C–M mindestens zwei
Wirkflächenpaare und eine sie verbindende Leitstützstruktur erforderlich, wobei eine
Wirkfläche auch an mehreren Funktionen beteiligt sein kann [69]. Das gesamte Triebwerk der Axialkolbenmaschine ist in **Abbildung 3.13** als C&C–M abgebildet, wobei
die Wirkflächenpaare mit Rauten, die Leitstützstrukturen als verbindende Linie veranschaulicht sind. Die Buchstaben bezeichnen die jeweilige Funktion. Anhand der Funktionen erfolgt die Bestimmung der Beanspruchung. Zur Erläuterung ist ein Ausschnitt
des Triebwerks in **Abbildung 3.14** mit den wesentlichen Funktionen für die Baugruppe
Kolben-Kolbengleitschuh dargestellt. Die Tabelle zur Abbildung enthält die dargestell-
ten Funktionen und verdeutlicht jeweils die beiden Bauteile zur Bildung des jeweiligen Wirkflächenpaars (z.B. WFP2: Wirkflächenpaar zwischen Zylinder und Kolben).
Das Drehmoment und die Drehbewegung wird von der Triebwelle über das Wirkflächenpaar WFP1 über eine Leitstützstruktur im Zylinder (LSS1) an das Wirkflächenpaar
WFP2 (Kolbenbohrung – Kolben) weitergeleitet. Die dort in den Kolben eingeleitete
Drehbewegung führt zu einer durch die Schrägstellung der Schwenkwiege verursach-
ten übergelagerten translatorischen Zwangsbewegung des Kolbens in axialer Richtung.
Die Abstützkraft von der Wirkfläche Kolbengleitschuh–Wiege (WFP3) wird durch ei-
ne Leitstützstruktur (LSS3) im Kolben zum Wirkflächenpaar Kolbenstirnfläche – Fluid
(WFP4) geführt, wo durch die axiale Bewegung eine Hubbewegung erzeugt und die
axiale Abstützkraft in der Druckkraft des Fluids wirksam wird.

Zum Verständnis der wesentlichen Beanspruchungen und Probleme an einem beliebigen
System ist neben der Kenntnis über die Funktionsweise sowie den daraus resultierenden Beanspruchungen sinnvoll, vorhandenes Wissen über die Schadensmechanismen zu
nutzen. Dabei ist ein wesentlicher Punkt, die üblichen Schäden ähnlicher Systeme zu
betrachten.

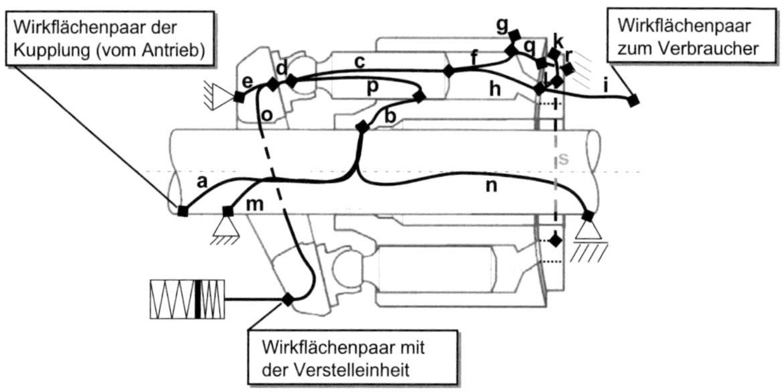

	Funktion
a	Drehmoment und Drehbewegung von der Kupplung zum Zylinder übertragen
b	Drehmoment und Drehbewegung auf den Kolben übertragen
c	Kraft und axiale Bewegung auf das Fluid übertragen
d	Kolben auf Schwenkwiege abstützen
e	Kolbenkräfte in Schwenkwiegenlager einleiten
f	Eingeleitete Druckkräfte an die Kolbenbohrung im Zylinder leiten
g	Fluid leiten und abdichten gegenüber Gehäusedruck
h	Fluid komprimieren / ansaugen
i	Hydraulische Energie zum Verbraucher übertragen
k	Fluid leiten und abdichten
l	Eingeleitete Druckkräfte an die Steuerplatte leiten
m	Reaktionskräfte auf Lagerstellen übertragen
n	Reaktionskräfte auf Lagerstellen übertragen
o	Stellkraft und Stellinformation von der Verstelleinheit zum Triebwerk leiten
p	eingeleitetes Drehmoment auf Gleitschuh abstützen
q	Kraft axial zur Steuerplatte leiten
r	Kraft vom Zylinder zum Gehäuse leiten
s	Abdichten zwischen Hochdruck und Niederdruck (LSS in der Steuerplatte)

Abb. 3.13.: Funktionsbeschreibung des Triebwerks der Axialkolbenmaschine anhand eines C&C–M, Veranschaulichung der Funktionen durch Leitstützstrukturen und Wirkflächenpaare

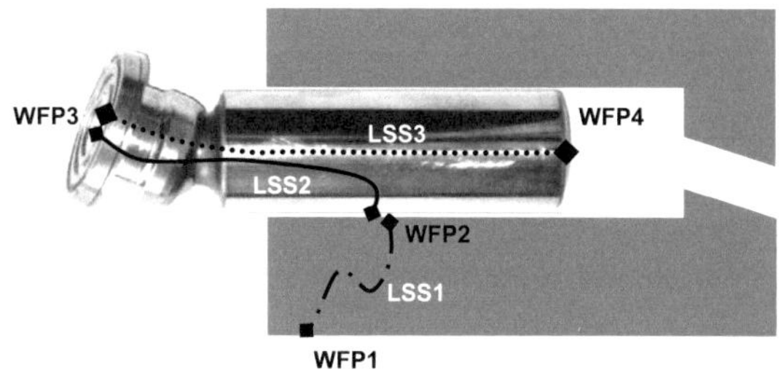

Funktion		WFP	LSS	WFP
1	Drehmoment und Drehbewegung auf den Kolben übertragen	WFP1	LSS1	WFP2
		Triebwelle	Zylinder	Kolben
2	Eingeleitetes Drehmoment auf Schwenkwiege abstützen	WFP2	LSS2	WFP3
		Zylinder	Kolben+Gleitschuh	Wiege
3	Kraft und axiale Bewegung auf das Fluid übertragen	WFP3	LSS3	WFP4
		Wiege	Kolben+Gleitschuh	Fluid

Abb. 3.14.: Funktionsbetrachtung am Triebwerk der Axialkolbenmaschine

Eine Einordnung möglicher Schadensfälle ist der Ansatz gemäß VDI 3822 – Schadensanalyse nach **Tabelle 3.4** [105]. Hintergrund der Richtlinie ist ein Leitfaden, wie bei der Suche nach Schadensmechanismen im Fall von Schadensfällen vorgegangen werden kann. Für die Beanspruchung der Bauteile aufgrund Ihrer Funktion wird bei der neuen Methode mithilfe des C&C–M unterschieden, ob es sich um eine Beanspruchung der Leitstützstrukturen oder der Wirkflächen handelt. Im Folgenden wird deshalb unterschieden zwischen *Schäden an Leitstützstrukturen* und *Schäden an Wirkflächen*.

3.3.1. Schäden an Leitstützstrukturen

Die Schäden an den Leitstützstrukturen äußern sich in vielen Fällen durch das Schadensmerkmal *Bruch* (Bauteilschäden aufgrund Gewaltbruch und Schwingbruch). Eine weitere häufige Art des Versagens der Leitstützstruktur ist die unzulässige *plastische Deformation* durch Warmverformung aufgrund von Übertemperatur. Ebenfalls zum Versagen der Leitstützstruktur gehören Beulen und Knicken – allgemein hervorgerufen durch *unzureichende Gestaltfestigkeit* für die auftretende Beanspruchung. Am Beispiel der Axialkolbenpumpe zeigt **Abbildung 3.15** links einen typischen Gewaltbruch an ei-

Tab. 3.4.: Übersicht von Schäden an Maschinenbauteilen gemäß VDI 3822

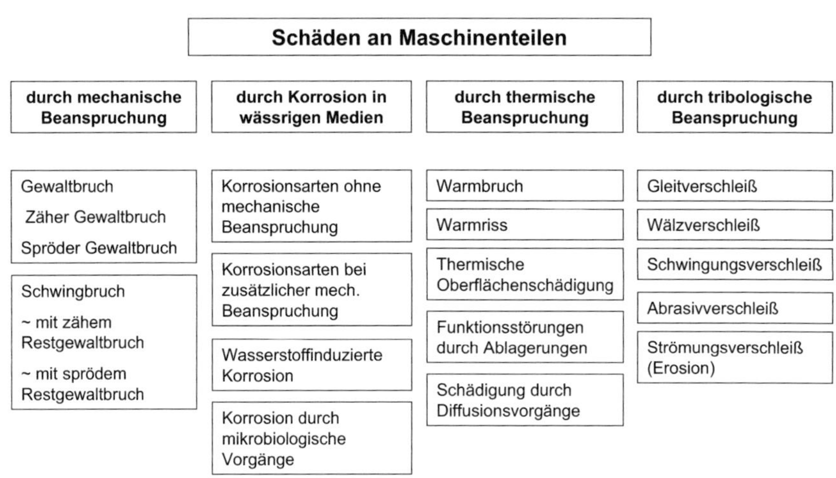

nem Kolbengleitschuh beim Ausführen der Funktion „Kolben auf der Schwenkwiege abstützen" (Funktion „d" in Abbildung 3.13). Gewaltbrüche am Kolbengleitschuh sind häufig Folgeschäden aufgrund tribologischer Störungen an den Wirkflächenpaaren wie z.B. Kolbenfresser am Wirkflächenpaar WFP2 nach Abbildung 3.14.

Abb. 3.15.: Links: Gewaltbruch eines Kolbengleitschuhs durch Überlast Rechts: Schwingbruch der Zylinderwand

Im rechten Bild von Abbildung 3.15 ist ein Riss in der Leitstützstruktur des Zylinders dargestellt. Die Rissbildung resultiert aus der zyklischen Beanspruchung aufgrund der Funktion „Fluid leiten und abdichten gegenüber Gehäusedruck" (Funktion „g" in Abbildung 3.13). Weitere Schadensbilder in Form von Dauerbrüchen sind Risse im Gehäuse in den hochdruckführenden Kanälen sowie an der Steuerplatte.

3.3.2. Schäden an Wirkflächenpaaren

Die betrachteten Wirkflächen unterliegen tribologischer Beanspruchung. Gemäß Tabelle 3.4 ist ersichtlich, dass ein Großteil der in der Richtlinie aufgeführten Schadensmechanismen die Wirkflächenpaare betrifft. Lediglich die Schäden in der linken Spalte (Schäden durch mechanische Beanspruchung) sowie die Schäden aufgrund thermischer Beanspruchung wie *Warmbruch*, *Warmriss* sowie *Schädigung durch Diffusionsvorgänge* können der Beanspruchung in den Leitstützstrukturen zugeordnet werden. In **Abbildung 3.16** sind die Wirkflächenpaare abgebildet, welche aus der Literatur die wesentlichen Schadenskriterien am Triebwerk von Schrägscheibenpumpen darstellen [21],[76],[110]. Dies sind im Einzelnen:

- **Wirkflächenpaar I** zwischen Kolbengleitschuh und Schwenkwiege, welche an der Funktion „Kolben auf Schwenkwiege abstützen" beteiligt ist.

- **Wirkflächenpaar II** zwischen der Kolbenbohrung bzw. Kolbenbuchse im Zylinder und der Mantelfläche des Kolbens, welche an der Funktion „Drehbewegung und Drehmoment auf den Kolben übertragen" beteiligt ist.

- **Wirkflächenpaar III** zwischen Zylinder und Steuerplatte, welche die Relativbewegung (Drehung) zwischen Zylinder und Steuerplatte ermöglicht, Teilkräfte des Triebwerks aufnimmt und im Wesentlichen zwischen Hochdruck und der Umgebung des Triebwerks innerhalb des Gehäuses abdichtet.

- **Wirkflächenpaar IV** zwischen dem Fluid und der Steuerplatte, welche an der Funktion „Fluid leiten und abdichten" beteiligt ist.

- **Wirkflächenpaar V** zwischen den Wälzkörpern der Wiegenlagerung und der Lagerschale bzw. der Wiege, wodurch die axialen Kräfte der Schwenkwiege auf das Gehäuse übertragen werden.

Außerhalb des eigentlichen Triebwerk sind tribologische Schäden am Wirkflächenpaar zwischen dem Wellendichtring und der Triebwelle charakteristisch (Funktion: „Abdichten des Pumpengehäuseinnenraums gegenüber der Umgebung")

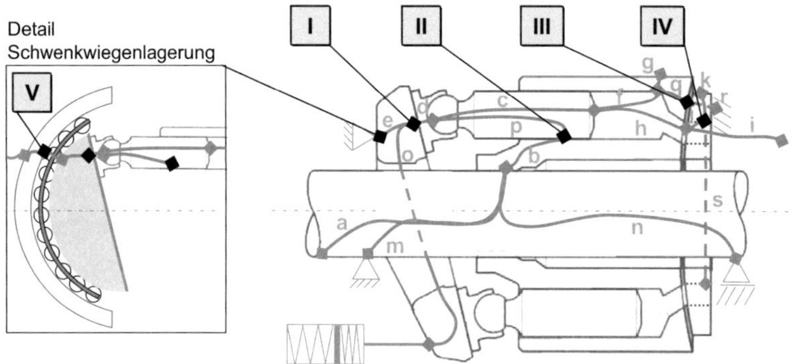

Abb. 3.16.: Schädigungskritische Wirkflächenpaare

Die Wirkflächenpaare Kolbengleitschuh–Schwenkwiege (I), Kolben–Zylinder (II) und Zylinder–Steuerplatte (III) sind insbesondere bei verschmutztem Öl besonders von Verschleiß betroffen (3-Körper-Abrasion bzw. Korngleitverschleiß) [76]. Verschiedene Studien zeigen, dass Ausfälle von hydraulischen Anlagen oft auf die Verschmutzung des Öls mit Feststoffpartikeln zurückgeführt werden können [38], [39], [57], [89], [96].

Je höher der Leckagevolumenstrom zwischen den im Kontakt befindlichen Bauteilen, umso größer ist der Schmutzeintrag in den Funktionskontakt. Da der Leckagevolumenstrom unmittelbar von der Druckdifferenz abhängig ist, ergibt sich an relativ bewegten Oberflächen eine deutliche Verschleißzunahme mit steigendem Druckgefälle [76]. Prinzipiell ist zwischen den Verschleißmechanismen Abrasion (Gleitverschleiß) und 3-Körperabrasion (Korngleitverschleiß) zu unterscheiden (vgl. **Abbildung 3.17**). Bei reiner Abrasion wird der weichere Reibpartner abgenutzt. Liegt 3-Körperabrasion vor, so ist der Materialabtrag an beiden Wirkflächen etwa gleich. Dies begründet Lehner [67] durch die Einlagerung der Schmutzpartikel in das weiche Material. Diese können mit Schleifkörnern in einer Schleifpaste verglichen werden.

Zunehmender Verschleiß an den oben genannten Wirkflächen äußert sich in Form von zunehmender Leckage aufgrund der Spaltaufweitung. Dies wird durch die zwischen Hoch- und Niederdruck bzw. zwischen Hoch- und Gehäusedruck herrschenden Druckgefälles bedingt. An Wirkflächenpaaren zwischen relativ bewegten Bauteilen, deren Spalt keinem Druckgefälle ausgesetzt ist, tritt dieser Effekt nicht auf.

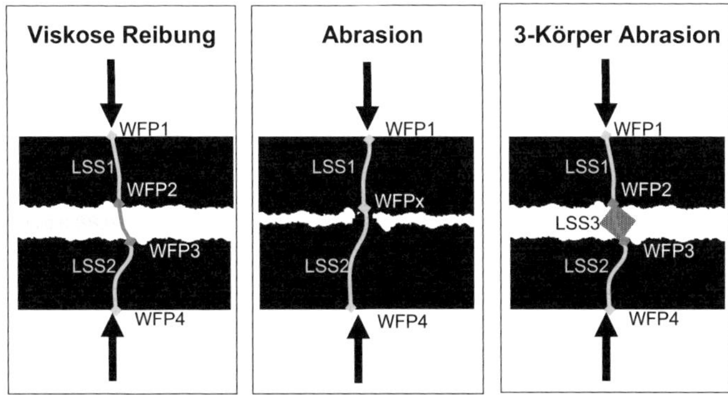

Abb. 3.17.: Verschleißmechanismen von Wirkflächen

Die wesentlichen Schäden an Wirkflächen von Axialkolbenmaschinen sind im Folgenden zusammengefasst:

Für das Wirkflächenpaar V gemäß Abbildung 3.16 zeigt **Abbildung 3.18** Stillstandsmarkierungen an der Lagerschale des Schwenkwiegenlagers in Form riffelartig angeordneter Vertiefungen durch die Wälzkörper. Die Ursache für den auftretenden Verschleiß sind oszillierende Gleit- oder Wälzbewegungen [105], welche in Hydraulikpumpen durch die Umsteuerung zwischen Hoch- und Niederdruck induziert werden. Dabei stellt insbesondere häufiger Betrieb bei gleichem Schwenkwinkel und hoher Last eine erhöhte lokale Belastung dar, welche Schadensmerkmale dieser Art verursacht. Solange die Vertiefungen nicht zu stark ausgeprägt sind, ist die Funktion nicht beeinträchtigt. Erst mit stark ausgeprägten Vertiefungen kommt es zu kinematischen Störungen, so dass Nebenelemente wie beispielsweise die Käfigführung des Schwenkwiegenlagers überbeansprucht werden und deren Leitstützstrukturen versagen.

Die Wirkflächen I und III in Abbildung 3.16 sind Vertreter von Wirkflächen, welche einer zusätzlichen Hilfsfunktion der *hydrostatischen Entlastung* bedürfen. Bei korrekter Funktion wird die Abstützkraft des Kolbengleitschuhs weitestgehend durch die hydrostatische Entlastung realisiert, so dass die Wirkflächen der beiden Bauteile wie in Abbildung 3.17 links dargestellt nicht in direktem Funktionskontakt stehen. Vielmehr wird die Kraft zunächst durch weitere Funktionskontakte auf das Fluid übertragen, welches somit an der Funktion beteiligt ist. Aufgrund von Schmutz ändert sich der Funktionszusammenhang, so dass ein Teil der Kraft durch den Partikel übertragen wird. D.h. es entsteht neben der Normalfunktion eine schädigungsintensive Zusatzfunktion wie in Abbildung 3.17 rechts dargestellt. Diese führt zur Abrasion an den Wirkflächen. Exemplarisch ist hierzu der Verschleiß eines Kolbengleitschuhs in **Abbildung 3.18** dargestellt. Ähnlich sind die Verschleißvorgänge am Wirkflächenpaar II (Abbildung 3.16) zwischen der Kolbenbohrung im Zylinder und dem Kolben. Im Unterschied zu den zuvor genannten Wirkflächenpaaren handelt es sich hier um einen hydrodynamischen Funktionskontakt. Dies bedeutet, dass insbesondere die chemischen und fluiddynamischen Eigenschaften des Fluids für die korrekte Funktionsweise verantwortlich sind. Kommt es beispielsweise aufgrund von Übertemperatur zu einem Abfall der Viskosität, treten die Wirkflächen der beiden Bauteile gemäß Abbildung 3.17 (Mitte) in direkten Funktionskontakt, für welchen die Bauteiloberflächen nicht geeignet sind und es kommt zur Schädigung der Wirkflächenpaare.

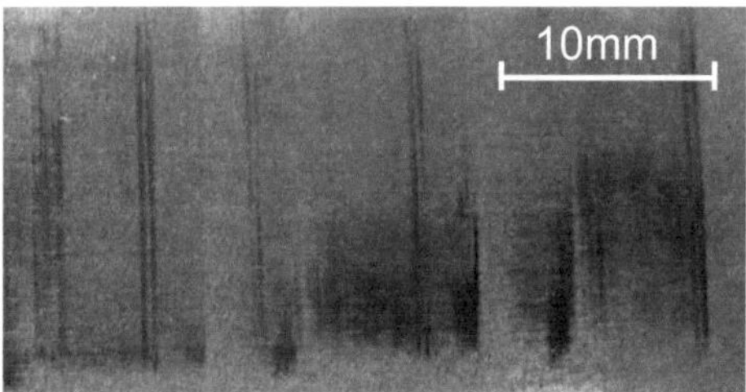

Abb. 3.18.: links: Stillstandsmarkierungen an der Schwenkwiegenlagerschale, rechts: Verschleiß der Wirkfläche des Kolbengleitschuhs

Das Wirkflächenpaar IV auf Abbildung 3.16 ist im Wesentlichen an der Funktion „Fluid leiten" beteiligt. Dabei sind insbesondere Schäden durch Strömungsverschleiß beziehungsweise Erosion an der Wirkfläche des mit dem Fluid in Kontakt befindlichen Bauteils charakteristisch. Neben der Erosion durch Feststoffe im Fluid und Erosion durch lokale Verbrennungsvorgänge (Mikrodieseleffekt) bei Luftblasen im Öl ist besonders das Schadensbild aufgrund Kavitation ein exemplarischer Vertreter dieser Wirkflächen. **Abbildung 3.19** zeigt die Ausprägung eines Erosionskraters am Bauteil der Steuerplatte.

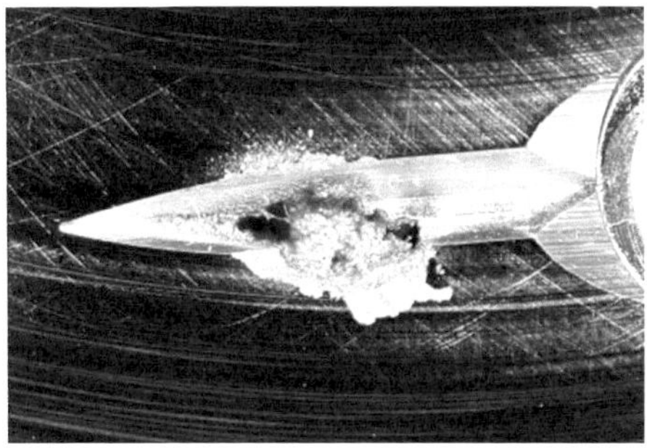

Abb. 3.19.: Kavitationserosion an einer Umsteuerkerbe der Steuerplatte des Triebwerks

Verteilung von Schadensfällen im Feld

Die Aufteilung vom Schadensfällen im Feld zeigt, dass in hydraulischen Anwendungen sowohl die an der Funktionserfüllung beteiligten Leitstützstrukturen als auch die Wirkflächenpaare kritische Stellen für Ausfälle sind. Der hohe Anteil für die Schäden an Wirkflächenpaaren liegt an der Eigenschaft des Systems, da durch Schmutz und sonstige Störungen der Fluideigenschaften die Wirkflächenpaare einer hohen äußeren Belastung ausgesetzt werden. Es ist davon auszugehen, dass in einigen Fällen, bei denen in der Auswertung die Schädigung der Leitstützstruktur vorliegt, diese die Folge von tribologischen Schäden bzw. Funktionsstörungen an Wirkflächenpaaren ist.

Das Ergebnis der Feldstudie zeigt, dass es sowohl für die Leitstützstruktur als auch für Wirkflächenpaare sinnvoll ist, eine Aufzeichnung der Betriebslasten vorzunehmen. Bei den Schäden an Leitstützstrukturen und Wirkflächenpaaren liegt die Schadensursache in einer Überschreitung der Beanspruchbarkeit. Theoretisch sind zwei Szenarien möglich:

1. Die vom Hersteller spezifizierte Beanspruchbarkeit des Systems wird in der Anwendung überschritten

2. Die vom Hersteller spezifizierte Beanspruchbarkeit des Systems wird nicht überschritten und es kommt dennoch zu einem Schadensfall.

Durch ein Out-of-Spec-Monitoring kann im ersten Fall aufgezeigt werden, dass die Randbedingungen der Maschine als Ursache für den Ausfall gelten. Im zweiten Fall ist ein reines Out-of-Spec Monitoring nicht zielführend: Es ist lediglich bekannt, dass das System ordnungsgemäß betrieben wurde. Der Komponentenhersteller hat jedoch keinen Wissenszuwachs über die aufgetretene Belastung, welche zum Ausfall führt. Demnach wird für den Hersteller von Komponenten empfohlen, nicht nur ein Out-of-Spec Monitoring aufzusetzen. Dabei werden die Klassierverfahren lediglich auf zwei Klassen reduziert und zwar innerhalb bzw. außerhalb der Spezifikation. Wesentlich mehr Nutzen für zukünftige Entwicklungen und Verbesserungen im Laufe des Produktlebenszyklus wird erreicht, indem der gesamte Lastbereich messtechnisch erfasst und klassiert wird.

3.3.3. Ableitung eines Kollektivbildungsverfahrens am Beispiel des Zylinders für die Funktion Abdichten gegenüber Gehäusedruck

Betrachtet man im Detail die Funktion des Zylinders (Kolbentrommel), so erfüllt dieser die Hauptfunktionen *Drehmoment und Drehbewegung von der Triebwelle auf Kolben übertragen* und *Abdichten gegenüber Nieder- bzw. Umgebungsdruck* (**Abbildung 3.20**). Die Nebenfunktionen zur Abstützung der Reaktionskräfte und -momente sind aus Gründen der Übersichtlichkeit nicht dargestellt. Die zugrundeliegende, allgemeine Funktion „Abdichten eines durch Innendruck beanspruchten Rohres gegenüber der Umgebung" ist in **Abbildung 3.21** verdeutlicht.

Die Abdichtungsfunktion wird von den zwei Wirkflächenpaaren und der Leitstützstruktur der Rohrwand erfüllt. Damit sind für die Funktion des Abdichtens zwischen innen und außen genau zwei Wirkflächenpaare und eine verbindende Leitstützstruktur beteiligt.

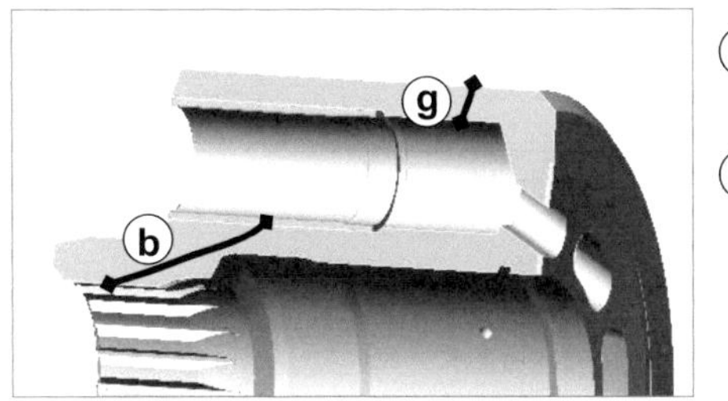

Abb. 3.20.: Hauptfunktionen am Bauteil Zylinder

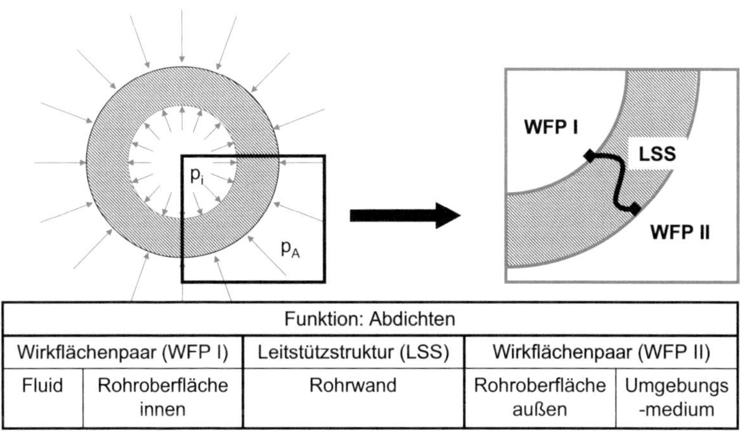

Funktion: Abdichten				
Wirkflächenpaar (WFP I)		Leitstützstruktur (LSS)	Wirkflächenpaar (WFP II)	
Fluid	Rohroberfläche innen	Rohrwand	Rohroberfläche außen	Umgebungs-medium

Abb. 3.21.: Innendruckbeanspruchung des Zylinders am vereinfachten Rohrmodell zur verallge-
meinerten Erklärung der Dichtfunktion zwischen dem Innenraum und der Umgebung
des Rohres

Im Unterschied zum Modell der Säule eines Bauwerks in [69] erkennt man, dass die
Spannung innerhalb der Leitstützstruktur nicht mit der Richtung des Stoff-, Energie-,
oder Informationsflusses übereinstimmen muss. Im stark vereinfachten Beispiel eines
dünnwandigen Rohres ergibt sich die Tangentialspannung zu:

$$\sigma_t = \frac{(p_i - p_a)D}{2s} \qquad [3.4]$$

Für das dickwandige Rohr unter Innendruck ergeben sich die Tangentialspannung bzw.
die Radialspannung gemäß **Gleichung 3.5** [46].

$$\sigma_t = \frac{p_i \cdot r_i^2}{r_a^2 - r_i^2} \cdot \left(1 + \left(\frac{r_a}{r}\right)^2\right) \qquad \sigma_r = \frac{p_i \cdot r_i^2}{r_a^2 - r_i^2} \cdot \left(1 - \left(\frac{r_a}{r}\right)^2\right) \qquad [3.5]$$

Betrachtet man am Zylinder der Axialkolbenpumpe den zeitlichen Verlauf der Innendruckbeanspruchung, so ist ersichtlich, dass mit jeder Umdrehung die einzelne Kolbenbohrung einer zyklischen Beanspruchung unterliegt:

Bei konstanter Hochdruckdifferenz zwischen Saug- und Druckseite durchläuft die Kolbenbohrung die Winkelbereiche mit dem innen wirksamen Druck p_i wechselnd zwischen p_{HDA} und p_{HDB}, so dass pro Umdrehung ein Lastspiel vollzogen wird. Im Sinne einer Lebensdauerabschätzung nach *Kapitel 2.7* ist für die Dichtfunktion die pro Umdrehung des Zylinders anliegende, maximale Druckdifferenz zwischen Hochdruck und Niederdruck entscheidend. Für die Klassierung von Messdaten ist also eine drehzahlsynchrone Klassierung ausreichend. Es werden lediglich pro Umdrehung der höchste Hochdruckwert und der kleinste Niederdruckwert drehzahlsynchron in Werteklassen eingetragen.

3.3.4. Ableitung eines Kollektivbildungsverfahrens am Beispiel innendruckbeanspruchter Kanäle im Gehäuse

Im vorherigen Kapitel ist die Ableitung eines Klassierverfahrens für das Bauteil Zylinder vorgestellt. Der Zylinder rotiert mit der Drehzahl n, sodass das bauteilbezogene Koordinatensystem mitrotiert und die Anzahl der Belastungszyklen anhand der durchgeführten Umdrehungen erfolgt.

Bei den innendruckbeanspruchten Kanälen im Gehäuse handelt es sich um im Koordinatensystem der Beanspruchung in der Arbeitsmaschine stillststehende Bauteile. Die Häufigkeit ist demnach nicht drehzahlgebunden. Vielmehr unterliegen diese Bereiche einer stochastischen Beanspruchung (vgl. **Abbildung 3.3** auf Seite 41). Aus festigkeitstechnischer Sicht ist die Beanspruchung dieser Kanäle identisch mit der im vorhergehenden Kapitel ausgeführten Beanspruchung. Die Häufigkeit der Beanspruchungszyklen ist jedoch durch den zeitlichen Verlauf der auftretenden Druckbeanspruchung gegeben. Somit ist für diese Beanspruchung das Rainflowverfahren geeignet, um sowohl Amplituden als auch Häufigkeiten aus der Belastungszeitfunktion zu erhalten.

3.4. Betriebsdatenerfassung für die Axialkolbenmaschine

Gemäß den Ausführungen in *Kapitel 3.3* ist für jede Umdrehung der Axialkolbenpumpe am Bauteil Zylinder die maximale Differenz zwischen Hoch- und Niederdruck erforderlich, um die Amplituden und Häufigkeiten der Innendruckbeanspruchung zu bestimmen. Diese zyklische Beanspruchung resultiert aus der beschriebenen Abdichtungsfunktion des Kompressionsvolumens gegenüber dem Gehäusedruck. Im Hinblick auf einen möglichst geringen Speicherbedarf für die klassierten Messdaten sind Vereinfachungen notwendig. Man geht davon aus, dass der Niederdruck in den meisten Fällen dem konstant eingestellten Niederdruckniveau entspricht, so dass der pro Umdrehung klassierte Wert lediglich der aktuelle, hochdruckseitige Wert ist:

$$p_{Klassierung} = MAX(p_{HDA}; p_{HDB}) \qquad [3.6]$$

Alternativ ist auch in einer weiteren Überlegung denkbar, die direkte Druckdifferenz zwischen den beiden Druckwerten zu klassieren:

$$p_{Klassierung} = (p_{HDA} - p_{HDB}) \qquad [3.7]$$

Der Vorteil gemäß **Gleichung 3.6** liegt darin, dass stets der maximal anliegende Druck gespeichert wird. Damit ist bei einer Out-of-Spec-Auswertung unmittelbar der Vergleich mit dem maximal zulässigen Druck oder auch mit dem Einstellwert der Hochdruckbegrenzungsventile möglich. Die Vereinfachung wird bei Realisierung nach **Gleichung 3.6** vorgenommen, indem der Niederdruckwert als konstant angenommen wird. Daraus folgt, dass der gemessene Druckwert durch ein Stichprobenverfahren mit variablen Zeitanteilen (drehzahlsynchron) klassiert wird. Aus funktionaler Sicht ist damit gemäß den Ausführungen für das Bauteil Zylinder und dessen Abdichtungsfunktion des Kompressionsvolumens ausreichend Information vorhanden. Wie jedoch bereits in *Kapitel 3.2* erläutert, ist zusätzlich interessant

- in welchen Betriebspunkten die Pumpe betrieben wird

- welche Leistungsbereiche angefahren werden

- welche Energie in Summe umgesetzt wird (vgl. die Funktion der Pumpe „mechanische Energie in hydraulische Energie wandeln")

Um die aus der exemplarisch durchgeführten *bauteilspezifischen* Ableitung eines Klassierverfahrens (Beispiel Zylinder) notwendigen Klassierergebnisse, als auch die aus der *Hauptfunktion* der gesamten Pumpe abgeleiteten Klassierergebnisse zu kombinieren, ist eine geeignete Verknüpfung notwendig. Diese wird im Folgenden beschrieben.

3.4.1. Stichprobenklassierung

Das erste abgeleitete Verfahren basiert auf den Ausführungen anhand des C&C–M, wonach der Fokus in der drehzahlsynchronen Stichprobenklassierung des Hochdrucks liegt (s. *Kapitel 3.3.3*). Um nun die Gesamtfunktion der Pumpe in der Klassierung mit zu berücksichtigen, wird nicht nur der Hochdruck, sondern es werden zusätzlich die Schwenkwinkelklasse und die Drehzahlklasse erfasst. Dazu zeigt **Abbildung 3.22** das Pumpenverhalten bei einem dynamischen Störgrößensprung des Pumpenvolumenstroms durch Schließen des Lastventils am Prüfstand. Im Diagramm sind die Klassierintervalle gekennzeichnet. Innerhalb jedes Klassierintervalls, welches genau der Periodendauer einer Pumpenumdrehung entspricht, wird der Maximalwert des Hochdruckes klassiert. Die Drehzahl- und Schwenkwinkelwerte werden für den Zeitpunkt des maximalen Hochdruckes ebenfalls entnommen. Anhand des Drehzahl- , Schwenkwinkel- und Druckwertes wird in der 3-dimensionalen Klassierungsmatrix für die Stichprobenklassierung der Häufigkeitswert um eins erhöht.

Die Klassierung ist in **Abbildung 3.23** grafisch dargestellt. Sie zeigt für jede Drehzahlklasse (Ebenen) die jeweilige Kombination aus Schwenkwinkel und Druckdifferenz. In dem Datenkollektiv sind also folgende Informationen aus der Belastungszeitfunktion enthalten:

- Für jede Pumpenumdrehung der Betriebspunkt bestehend aus Schwenkwinkel-, Drehzahlklasse und anliegender Druckdifferenz.

- Die Information über eine möglicherweise vorliegende Überschreitung des maximal zulässigen Druckes

- die über die Betriebszeit kummulierte, geleistete Arbeit

- Die Anzahl der Lastspiele durch Innendruck auf den Zylinder

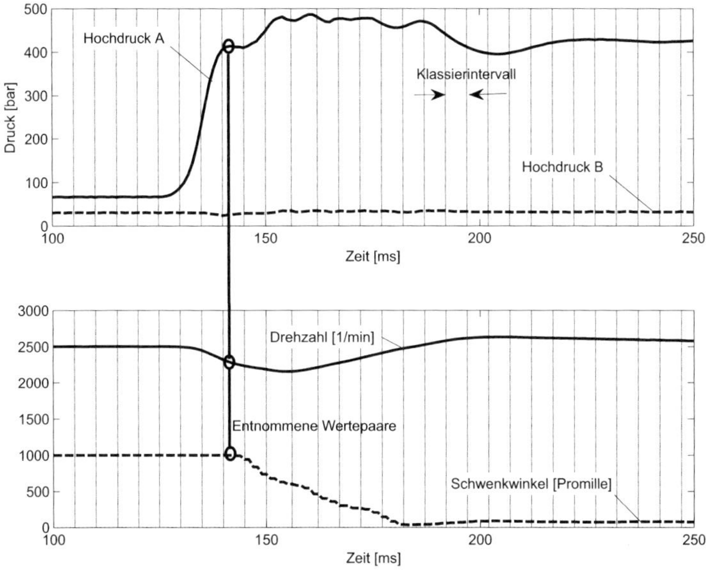

Abb. 3.22.: Drehzahlabhängige Stichprobenklassierung

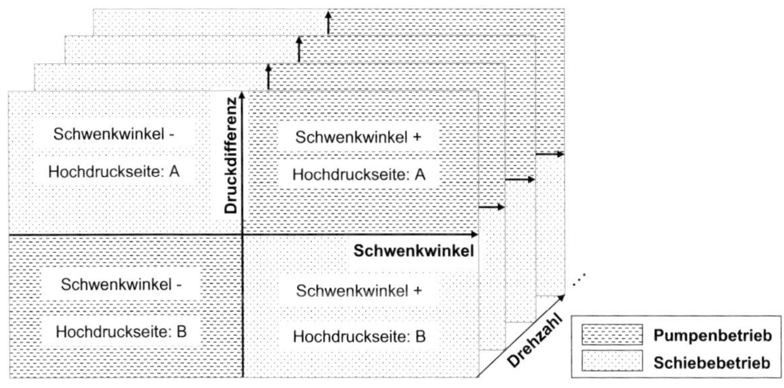

Abb. 3.23.: Verbundklassierung aus 4 Sensorsignalen

Die Anzahl der Klassen ist variabel gestaltet und so ausgelegt, dass auch Bereiche außerhalb der zulässigen Betriebsgrenzen erfasst werden. Die initiale Einstellung erfolgt aufgrund des begrenzten Speichers der Auswerteelektronik auf eine Klassenanzahl von 11 Schwenkwinkelklassen, 20 Druckklassen und 8 Drehzahlklassen. Somit ergeben sich 1760 mögliche Betriebsfelder pro Umdrehung, in welche die aktuell auszuwertende Pumpenumdrehung eingeordnet wird. Durch diese Anzahl ist eine repräsentative Aussage über den Einsatz der Pumpe möglich. Für den Schwenkwinkel ist eine ungerade Anzahl an Klassen vorgesehen, so dass bei Nullstellung eine eindeutige Klasse den Bereich um Null positiv als auch negativ abdeckt, gemäß den Empfehlungen in [26].

3.4.2. Rainflowverfahren

In einem weiteren Klassierverfahren wird die in *Kapitel 3.3.4* vorgestellte Beanspruchung der Hochdruckkanäle erfasst. Da es sich um einen stochastischen Verlauf des Innendruckwertes handelt, wird das Rainflowverfahren angewandt (vgl. *Kapitel 3.1*).

Das Rainflowverfahren zur Reduzierung des Hochdruckverlaufes auf Mittelwerte und Amplituden wird gemäß des als Algorithmus II bekannten Verfahren nach Downing und Socie [34] realisiert. Der wesentliche Vorteil gegenüber anderen Rainflowverfahren bei identischem Ergebnis ist dabei die Auswertung der aufeinanderfolgenden Maxima der Belastungszeitfunktion in zeitlicher Reihenfolge. Für die online Verwendung in mobilen Steuergeräten ist dies das entscheidende Kriterium. Der Algorithmus kann bereits beginnen, während noch nicht alle Messdaten vorliegen. Das Rainflowverfahren wird in Zusammenhang mit einem vorgeschalteten Racetrack Filter gemäß [93] zur digitalen Filterung des Drucksignals verwendet. Dadurch werden kleine, nicht relevante Druckamplituden unterdrückt, welche in dieselbe Klasse fallen (vgl. **Abbildung 3.24**).

Die Anzahl der Klassen wird auf 20 x 20 festgelegt (20 Mittelwertklassen und 20 Amplitudenklassen). Dies liegt in dem von [107] für das Rainflowverfahren empfohlenen Bereich von 16–64 Klassen für Amplitude bzw. Mittelwert. Für die mobile Anwendung des Algorithmus ist eine feinere Auflösung nicht sinnvoll, da dadurch in erster Linie bereits systemisch bedingte Pulsationen erfasst werden. Diese sind wenig interessant, wenn es darum geht, einen guten Überblick über die Nutzungsart der Maschine zu bekommen.

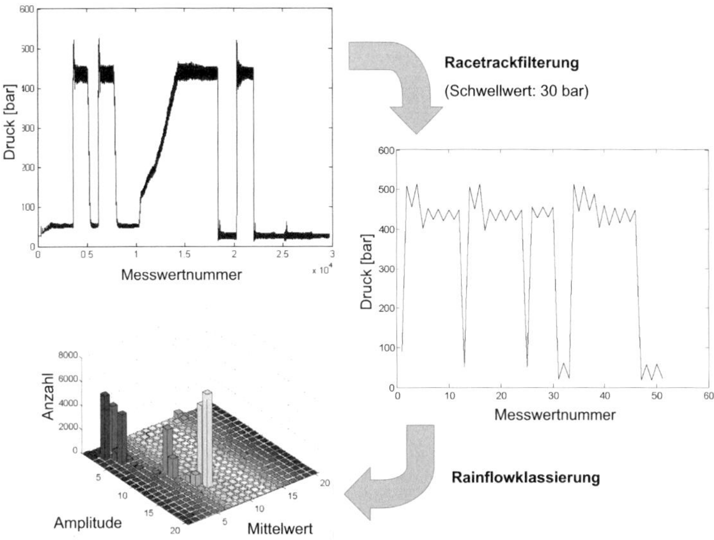

Abb. 3.24.: Signalverarbeitung zur Klassierung von Mittelwerten und Amplituden

3.5. Ergebnisse verschiedener Maschinen

Die Betriebslasterfassung wird exemplarisch an sechs verschiedenen Arbeitsmaschinen durchgeführt. Eine Übersicht zu den Maschinentypen ist in **Tabelle 3.5** dargestellt. Dabei handelt es sich um drei verschiedene Radlader, zwei Skidsteer Loader und einen Bagger. Die betrachteten Pumpen in den Radladern und den Skidsteer Loadern befinden sich im Antriebsstrang für den Fahrantrieb, die betrachtete Pumpe am Bagger wird für den Drehwerksantrieb verwendet (Drehung des Oberwagens).

Für den Radlader A ist in **Abbildung 3.25** das aus den Messungen hervorgegangene Kollektiv in Form der Verbundklassierung dargestellt. Die Anzahl der Umdrehungen pro Betriebspunkt sind auf der Ordinate aufgetragen. Eine weitere Dimension bei der gewählten Verbundklassierung nach *Kapitel 3.4* sind die verschiedenen Drehzahlklassen. Zur Darstellung wurden sämtliche Häufigkeiten aus den verschiedenen Drehzahlen aufsummiert, so dass die Anzahl der Umdrehungen bei zugehörigem Schwenkwinkel und Hochdruck dargestellt werden, nicht aber die dabei aufgetretene Drehzahl. Man

Tab. 3.5.: Übersicht zu den analysierten Maschinen

Radlader A	Radlader B	Radlader C	Skidsteer Loader A	Skidsteer Loader B	Bagger
Einsatzgewicht: ~24 t Schaufelinhalt: 4 m³	Einsatzgewicht: ~13 t Schaufelinhalt: 2,7 m³	Einsatzgewicht: ~35 t Schaufelinhalt: 5,5 m³	Nutzlast: 1150 kg	Nutzlast: 680 kg	Betriebsgewicht: ~35 t

erkennt, dass zu einem großen Zeitanteil der Schwenkwinkel auf 0% bei einer sehr geringen Druckdifferenz steht. Zu einem großen Teil befindet sich die Pumpe also im lastfreien Zustand. Darüber hinaus ist ersichtlich, dass die Pumpe häufig bei maximalem Schwenkwinkel (-100. bzw. +100%) arbeitet. Dies ist verbunden mit dem bekannten Arbeitsprofil der Maschine, welche überwiegend im Ladezyklus (Y-Zyklus mit verhältnismäßig langen Fahrwegen) betrieben wird.

Aus den während der Belastungszeit aufgetretenen Beanspruchungen ergibt sich – unter der Voraussetzung, dass sich die Kollektivverteilung nicht ändert – eine voraussichtliche Gesamtlebensdauer durch Anwendung einer Lebensdauerhypothese. Im vorgestellten Beispiel wurde die Schädigungshypothese nach Haibach verwendet. Dazu zeigt **Abbildung 3.26** die erwarteten Lebensdauerwerte der verschiedenen Maschinen. Es ist jeweils dargestellt die erwartete Gesamtlebensdauer des Zylinders unter dem Belastungskriterium der zyklischen Innendruckbeanspruchung sowie die Gesamtlebensdauer für die hochdruckführenden Kanäle der Pumpe – bezeichnet mit HDA und HDB für die beiden Hochdruckseiten der Axialkolbenmaschine.

Die Ergebnisse zeigen, dass die Lebensdauern sämtlicher untersuchter Komponenten über einer Betriebszeit von 10.000 Stunden liegen. Die Beanspruchung des Zylinders ergibt in allen Maschinen eine Lebensdauer von über 100.000 Betriebsstunden, im Fall der Maschine *Skidsteer Loader B* ist die Beanspruchung des Zylinders am geringsten, so dass sich hier die höchste Lebensdauer ergibt. Die geringste Lebensdauer für die Pumpen anhand der ausgewählten Kriterien ist jeweils einer der hochdruckführenden Kanäle HDA oder HDB.

Der Grund für die teilweise äußerst hohen Lebensdauerwerte (vgl. Skidsteer Loader B) liegt in erster Linie daran, dass die Maschinen bei den Inbetriebnahmen und Versuchsfahrten teilweise unter verhältnismäßig geringen Lasten betrieben wurden.

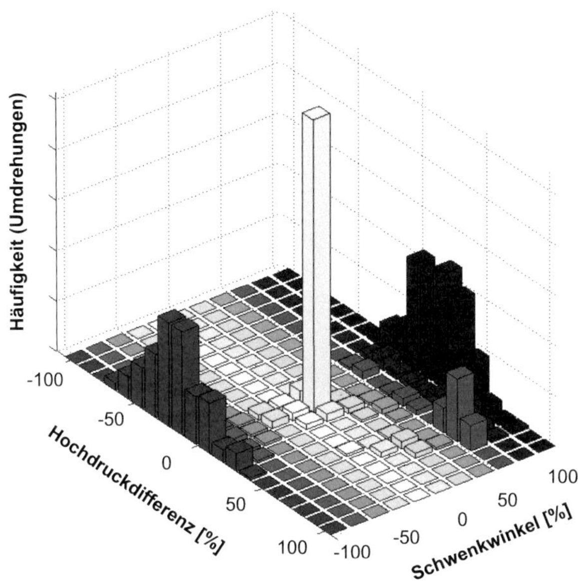

Abb. 3.25.: 3-d Darstellung der Verbundklassierung über sämtliche Drehzahlen

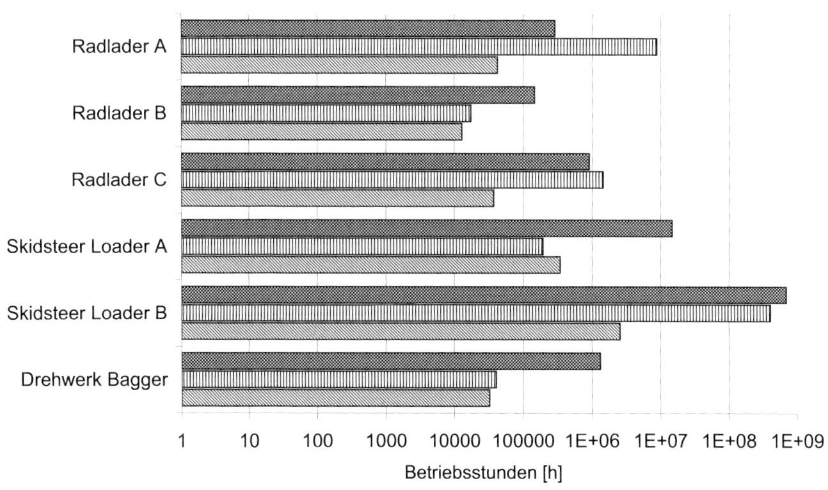

Abb. 3.26.: Erwartete Gesamtlebensdauer für die vermessenen Fahrzeuge

4. Fehleridentifikation

Im Betrieb müssen beim Auftreten von Störungen Entscheidungen getroffen werden, wie das System weiterbetrieben werden kann. Je genauer die vorliegende Fehlerursache bekannt ist, desto besser kann bestimmt werden, wie weit Funktionen außer Kraft gesetzt werden müssen. Während in herkömmlichen, einfach aufgebauten Systemen lediglich *Fehlersymptome* durch eine Fehlererkennung detektiert werden (**Abbildung 4.1**, oben), bietet eine erweiterte Fehleridentifikation wesentliche Vorteile:

Durch die Fehleridentifikation wird die gefundene Fehlerursache als Entscheidungsbasis für eine gezielte Fehlerreaktion und ein gezieltes Notlaufprogramm herangezogen. Dadurch ist es im Sinne einer maximalen Verfügbarkeit möglich, dass nur diese Funktionen eingeschränkt werden, welche unmittelbar durch die vorliegende Fehlerursache betroffen sind.

Herkömmliche Vorgehensweise

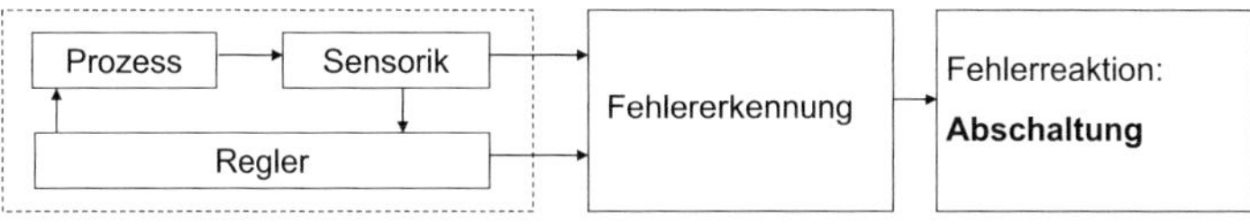

Steigerung der Verfügbarkeit durch Ergänzung der Fehleridentifikation

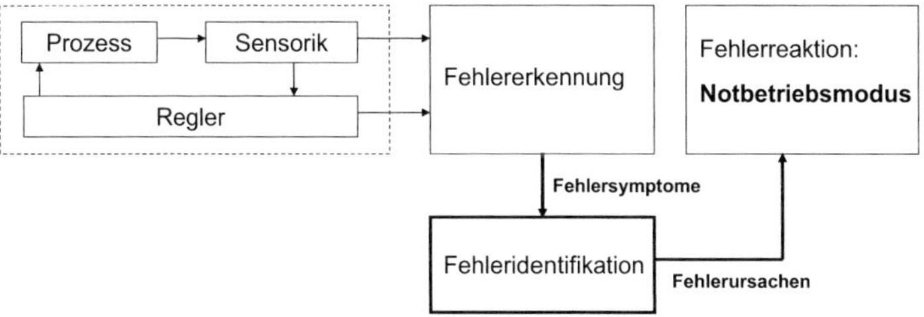

Abb. 4.1.: Erweiterung der Fehlererkennung durch eine Fehleridentifikation

4.1. Anforderungen an die Fehleridentifikation

4.1.1. Vorgehensweise zur Auswahl der zu untersuchenden Fehler

Beim Aufbau eines komponentenbasierten Fehleridentifikationsverfahrens sind zunächst die Erfordernisse an das System zu klären. Was soll durch die Fehleridentifikation bzw. Diagnose zur Steigerung der Verfügbarkeit erreicht werden und sind die erforderlichen Daten in Form von Sensorsignalen vorhanden? Dieses Kapitel dient der Erläuterung der Methodik, wie Fehlerursachen zur späteren Fehlererkennung und –identifikation ausgewählt werden.

Der Ansatz, welcher in dieser Arbeit verfolgt wird, basiert auf der Ableitung erforderlicher Algorithmen zur Fehlererkennung aus einer FMEA. Zur Methodik der FMEA wird auf die Literatur [14] und [41] verwiesen. Durch die Ableitung der zu betrachtenden Fehlerzusammenhänge aus der FMEA ist es möglich, bereits im Rahmen der Produktentwicklung zielgerichtet die notwendigen Algorithmen zur Fehlererkennung zu definieren und umzusetzen. Um nicht nur die Sicherheit bzw. das Risiko, sondern auch die Verfügbarkeit des technischen Systems im Fehlerfall positiv zu beeinflussen, wird gleichzeitig die Unterscheidbarkeit der Fehlerursachen anhand eines Fehleridentifikationsverfahrens betrachtet. Dadurch kann ein angemessener Notbetriebsmodus eingeleitet werden. Die Erfahrung zeigt, dass es von Vorteil ist, wenn die Diagnoseentwicklung integraler Bestandteil der System- und Komponentenentwicklung ist [88]. Somit gehört unmittelbar bei der Entwicklung der Funktion auch deren Diagnose zum Entwicklungsziel.
In der FMEA ergibt sich die *Risikoprioritätszahl* für verschiedene, mögliche Fehlerzusammenhänge aus dem Produkt der

- *Auftretenswahrscheinlichkeit* **A**,

- *Bedeutung* **B** und

- *Entdeckungswahrscheinlichkeit* **E**.

Bei allen Bewertungskriterien sind Werte von 1 bis 10 möglich. Das Risiko ist entsprechend des verwendeten Bewertungskatalogs akzeptabel, wenn die Risikoprioritätszahl kleiner ist als der definierte Grenzwert.
Die Auftretendwahrscheinlichkeiten **A** der verschiedenen Fehlerursachen ergeben sich

in Abhängigkeit der individuellen Gestaltung und Ausführung des Systems bzw. der Komponenten unter Berücksichtigung der umgesetzten Vermeidungsmaßnahmen. Die Bedeutung (**B**) ist durch die damit verbundenen Fehlerfolgen für das Gesamtsystem aus Sicht des Endverbrauchers gegeben. Ein niedriger Wert steht für eine sehr geringe Bedeutung der jeweiligen Fehlerfolge. Ein hoher Wert in der Bedeutung wird bei hoher Bedeutung vergeben, wenn z.B. durch die Fehlerfolge gesetzliche Vorschriften verletzt werden oder bei einer Gefährdung von Personen. Aufgrund der Verwendung hydrostatischer Antriebe in mobilen Arbeitsmaschinen ist in der Mobilhydraulik mit einer hohen Bedeutung der Fehlerfolgen zu rechnen, da die Maschinen oft in direktem Umfeld von Personen betrieben werden.

Die Entdeckungswahrscheinlichkeit (**E**) berücksichtigt alle aufgelisteten Entdecklungsmaßnahmen. Eine niedrige Zahl bedeutet beispielsweise, dass der Fehler bzw. die Fehlerursache sicher und rechtzeitig entdeckt wird.

Zur Verringerung des Wertes der Risikoprioritätszahl der verschiedenen Fehlerzusammenhänge werden in der FMEA verschiedene Maßnahmen festgelegt:

- Die *Vermeidungsmaßnahmen* reduzieren den Wert der Auftretenswahrscheinlichkeit, indem das Auftreten der Fehlerursachen durch Umsetzen der Maßnahmen vermieden wird.

- Die *Entdeckungsmaßnahmen* verbessern den Wert der Endeckungswahrscheinlichkeit und können Unterschieden werden in Entdeckungsmaßnahmen in Entwicklung und Produktion sowie Entdeckungsmaßnahmen im Betrieb / Feld [14].

  - *Entdeckungsmaßnahmen in Entwicklung und Produktion* sind Maßnahmen, durch die die Fehlerursachen bereits während der Entwicklung oder spätestens bei der Endkontrolle vor der Auslieferung entdeckt werden können.

  - *Entdeckungsmaßnahmen im Betrieb / Feld* sind Möglichkeiten der Fehlerentdeckung im Feld. Durch ein geeignetes Fehlererkennungverfahren kann das System bzw. Produkt den Fehler selbst erkennen. Alternativ sind unter Umständen auch das Erkennen des Fehlers durch den Kunden oder die Erkennung des Fehlers durch den Bediener bei einer Wartung oder Inspektion eine mögliche Entdeckungsmaßnahme, wenn dadurch die Fehler rechtzeitig erkannt werden können.

Bei heutigen mechatronischen Systemem ist die Voraussetzung zur Implementierung geeigneter Algorithmen zur Fehlererkennung mit elektronische Komponenten vorhanden. Hinsichtlich der *Verfügbarkeit* ist eine reine Fehler*erkennung* jedoch nicht zweckmäßig: Zwar wird das System ausreichend überwacht, eine Entscheidung über einen noch zulässigen Notbetrieb ist jedoch nicht möglich, da lediglich ein Fehler erkannt wird, die Fehlerursache aber unbekannt bleibt. Beispielsweise können bereits harmlose Störungen zu einer Abweichung im Regelverhalten führen. Die tatsächliche Ursache kann meist auch eine schwerwiegende Störung sein, so dass immer vom schlimmsten anzunehmenden Fehler auszugehen ist. Dadurch wird die Verfügbarkeit aus Sicherheitsgründen oft über das erforderliche Maß verringert. Insbesondere bei mobilen Arbeitsmaschinen ist dieser Zustand aus wirtschaftlicher Sicht nicht erwünscht.

Zwischenfazit

Wird im Entwicklungsprozess eine FMEA angewendet, so lassen sich die Fehlerursachen, welche in einer Fehleridentifikation online an der Maschine berücksichtigt werden müssen, schnell und zielgerichtet ableiten. Durch die Identifikation wird die erforderliche Entdeckungswahrscheinlichkeit dieser Ursachen erreicht. Für das System ist eine reine Fehler*erkennung* zur Erreichung der Sicherheit und zur Reduzierung des Risikos ausreichend. Um eine adäquate Verfügbarkeit im Fehlerfall zu erreichen, ist jedoch eine Fehler*identifikation* erforderlich. Die Wissensbasis wird methodisch im Entwicklungsprozess im Rahmen der FMEA-Sitzungen erstellt, da im Expertenteam sämtliche beteiligten Fachbereiche vertreten sind.

4.1.2. Definition der zu betrachtenden Fehlerursachen

Dieses Kapitel dient einer Übersicht zu den wesentlichen Fehlerursachen, welche im Betrieb der Arbeitsmaschine an der hydraulischen Verstellung der Axialkolbenpumpe identifiziert werden sollen. Die Fehler resultieren aus einer FMEA gemäß den Erläuterungen in *Kapitel 4.1.1.* An den Proportionalmagneten werden die üblichen elektrischen Fehlerursachen wie Kurzschlüsse und Leitungsunterbrechungen betrachtet. An dieser Stelle werden deshalb diese Fehler nicht im Detail erläutert. Eine Übersicht ist im Anhang (Abbildung A.1 auf Seite 119) gegeben.

Fehler an Sensoren

Tabelle 4.1 zeigt eine Übersicht über die erwarteten Sensorfehler in Abhängigkeit von der Art der Ein- und Ausgangssignale und erweitert die Einordnung der Fehlerarten von [32],[90]. Grau markiert sind die generell bei der Auswahl von Sensoren bzw. Messprinzipien zu berücksichtigenden, genauigkeitsrelevanten Fehler. Schwarz markiert sind die Fehlerarten, welche als Störung oder Ausfall unter Umständen im Maschineneinsatz durch Alterung etc. auftreten können. Sensoren mit analog-absolutem Eingangssi-

Tab. 4.1.: Fehlerarten an Sensoren in Abhängigkeit der Sensorkonfiguration

	Sensorkonfiguration		
Signal Eingang **Fehlerart** Ausgang	analog analog	analog digital	inkremental digital
Quasistatische Fehler			
Kupferfehler (Unterbrechung, Kurzschluss)	■	■	■
Nullpunktverschiebung (Drift, Offset)	■	■	-
Sensitivität (Empfindlichkeit, Verstärkungsfehler)	■	■	-
Linearitätsfehler		-	-
Wiederholgenauigkeit (Repeatability)			-
Hysteresefehler			
Quantisierungsfehler	-		
Querempfindlichkeit			
Dynamische Fehler			
variables Signalalter (sample time uncernity)	-		
dynamisch langsames Signal	▫	▫	-

■ Fehler tritt im Fehlerfall erst im Feld auf
Fehler ist bei der Sensorauswahl prinzipbedingt zu berücksichtigen

gnal sind im vorliegenden Fall beispielsweise Drucksensoren, welche die analoge Größe 'Druck' in ein analoges Spannungssignal wandeln. Analog-digitale Sensoren wandeln ein analoges Eingangssignal in ein digitales Signal und besitzen deshalb meist einen integrierten Chip. Zahlreiche Drehwinkelgeber sind beispielsweise nach dieser Konfiguration aufgebaut, indem durch den Hall-Effekt der Winkel eines Magnetfeldes ermittelt wird [32]. Dadurch sind Nichtlinearitäten der Sensorkennlinie bereits korrigiert. Nachteilig beim digitalen Ausgangssignal ist der Quantisierungsfehler. Dieser lässt sich durch eine hinreichend genaue Auflösung reduzieren. Zusätzlich muss das variable Signalalter berücksichtigt werden, wenn innerhalb des Ausgabeintervalls nicht eindeutig bekannt ist, wann der ausgegebene Messwert tatsächlich vorlag. Auch der Fehler durch das variable Signalalter kann gering gehalten werden, indem eine hohe Abtastfrequenz gewählt wird. Die geringste Fehleranfälligkeit haben Sensoren mit inkrementalem Eingangssignal und digitalem Ausgangssignal. Dies sind beispielsweise Drehzahlsensoren, bei denen die Anzahl der Zähne am Messrad pro Zeit ermittelt wird. Bei gängigen Drehzahlsensoren dieser Konfiguration sind sämtliche möglichen Fehler durch den Sensor selbst erkennbar. [32]

Fehler der Ventilmechanik

Gemäß [96] sind die häufigsten Fehlerursachen bei Ventilen im *Versagen der Rückstellfedern* und in der *Verunreinigung der Druckflüssigkeit* zu suchen. Zu den Fehlern der Rückstellfeder zählen der Literatur zufolge:

- Bruch der Feder

- Nachlassen der Federsteifigkeit

Die Auftretenswahrscheinlichkeiten von Fehlerursachen an den Rückstellfedern können in der Praxis durch ausreichende Dimensionierung und eine systematische Qualitätskontrolle vermieden werden.

Die primäre Fehlerursache durch Verschmutzung an der Ventilmechanik führt zu *verschmutzungsbedingtem Klemmen (Silting)*. Um im Versuch die Effekte eines klemmenden Ventilschiebers nachzubilden wird eine Klemmeinrichtung aufgebaut (siehe **Abbildung 4.2**). Durch den konstruktiven Eingriff in das System, um ein Klemmen des Ventilschiebers zu ermöglichen wird das Systemverhalten geändert. **Abbildung 4.3** zeigt im Vergleich den ursprünglichen Aufbau ohne die Klemmeinrichtung sowie den adaptierten Versuchsaufbau mit Klemmeinrichtung, wobei diese nicht betätigt ist. Die Abbildung zeigt dass das fehlerfreie, dynamische Verhalten der Verstelleinheit in vernachlässigbarem Maße verändert wird.

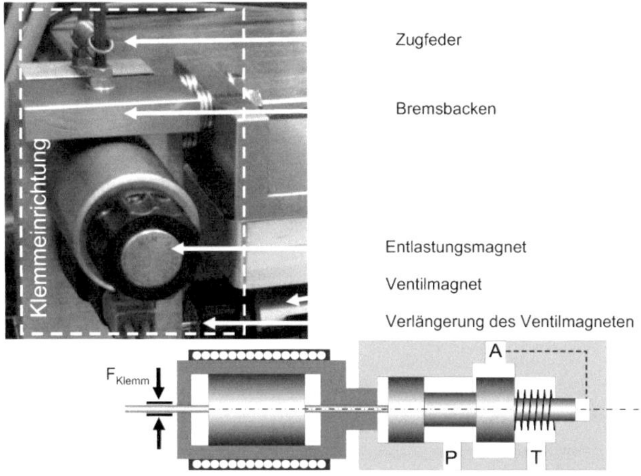

Abb. 4.2.: Klemmeinrichtung zur Nachbildung eines klemmenden Ventilschiebers

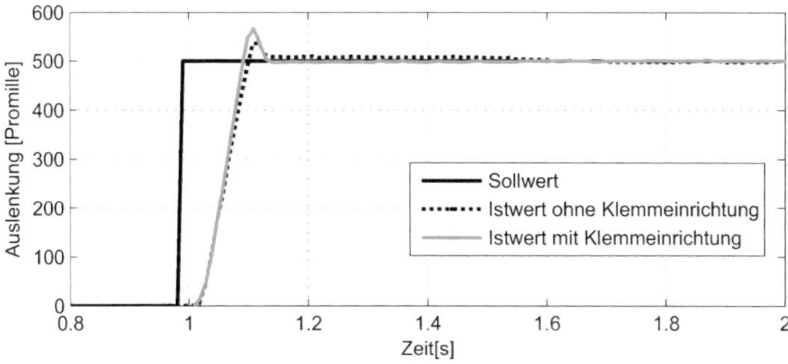

Abb. 4.3.: Experimenteller Vergleich mit und ohne Klemmeinrichtung am Pumpenprüfstand

4.2. Vorgehensweise zur Fehleridentifikation

Im folgenden Teil der Arbeit wird am Beispiel der Verstellung einer Axialkolbenmaschine das neu erstellte Verfahren zur Fehleridentifikation vorgestellt. Als Basis dient ein Expertensystem mit der Ausführung in Form regelbasierter Diagnostik (*Wenn A dann B* usw.). Die Logik führt dabei anhand der vom Expertensystem hinterlegten Wissensbasis zur Identifikation der Fehlerursache.

Im Wesentlichen sind für die Umsetzung der Vorgehensweise auf Basis eines Expertensystems folgende Überlegungen ausschlaggebend:

- Es werden Ansätze verwendet, die dem menschlichen Denken bei der Schlussfolgerung und Suche nach Problemen nahekommen.

- Es kann unmittelbar in den FMEA–Sitzungen, an denen die Experten der verschiedenen Fachgebiete teilnehmen, die Wissensdatenbank erstellt werden.

- Menschliches Expertenwissen lässt sich relativ einfach in der Wissensbasis des Expertensystems einpflegen.

- Das Expertensystem ist robust und lässt sich einfach erweitern.

- Die später von der Software zu treffenden Entscheidungen sind eindeutig durch die Entwickler bestimmt.

4.2.1. Wissensbasis zur Fehleridentifikation

Vom Expertenteam werden verschiedene Symptome bestimmt, welche auf Fehlerursachen im System hinweisen könnten. Dies sind allgemein ausgedrückt Merkmale, die auf eine Störung hinweisen (zum Beispiel wenn in einem Regelkreis der Istwert vom Sollwert unzulässig lange abweicht). Bei der Suche nach geeigneten Symptomen bietet es sich an, durch Brainstorming im Expertenkreis Ideen zu finden (**Abbildung 4.4**). Diese Maßnahmen werden vorzugsweise im Rahmen der FMEA-Sitzungen festgelegt. Sind die Symptome definiert, ist es zunächst erforderlich, durch Vorwärtsverkettung zu

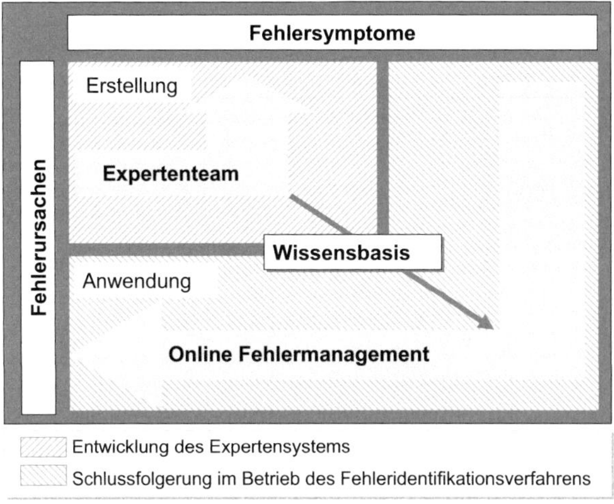

Abb. 4.4.: Entwicklung der Wissensbasis für die Identifikation von Fehlerursachen

überlegen, welche der Fehlerursachen U_i zu den Symptomen S_i führen:

$$U_i \Rightarrow S_i \qquad [4.1]$$

Die Symptome sowie die Ergebnisse der Vorwärtsverkettung werden in der Wissensbasis in Form einer Ursachen-Symptom-Matrix (USM) erfasst.

Die Aufgabe bei der Fehleridentifikation besteht schließlich darin, aus der Ursachen-Symptom-Matrix durch Rückwärtsverkettung aus beobachteten Symptomen auf die Fehlerursache zurückzuschließen:

$$S_i \Rightarrow U_i \qquad [4.2]$$

Die verschiedenen Symptome gelten somit als Prämissen zur Ausgabe der herrschenden Fehlerursache (Konklusion). In der USM sind in Form von Expertenwissen verschiedene Einträge möglich (s. **Tabelle 4.2**).

Die Einzelnen Symptome werden – sofern erforderlich – durch Simulationen vorbereitet und parametriert. Durch Prüfstandsversuche wird nachgewiesen, dass sämtliche Symptome gemäß ihrer Vorgabe korrekt ausgegeben werden.

Tab. 4.2.: Einträge in die Ursachen-Symptom-Matrix (USM)

Consecutio necessaria (1)	Das Symptom muss bei der vorliegenden Ursache im jeweiligen Betriebszustand auftreten. „Bei Regen *muss* die Straße nass sein"
Consecutio impossibilis (0)	Das Symptom darf bei der vorliegenden Ursache nicht auftreten: „Bei Regen *darf* die Straße *nicht* trocken sein"
Consecutio possibilis (k)	Das Symptom kann bei vorliegender Ursache auftreten, es kann aber genauso auch nicht auftreten: „Bei Regenwetter hat Frau Mayer ihr Dachfenster geschlossen. Möglicherweise hat sie das Dachfenster vergessen zu schließen, so dass das Dachfenster trotz des Zustandes Regenwetter geöffnet ist."
Consecutio externa	Es besteht praktisch kein Zusammenhang zwischen Ursache und Symptom.

4.2.2. Struktur der Symptome

Die Symptome haben eine einheitliche Struktur auf Basis eines Zustandsautomaten. Dieser neu entwickelte Zustandsautomat ermöglicht es, dass über jedes Symptom mehrere Informationen in Form von verschiedenen Zuständen vorliegen. Da die Symptomzustände anschließend für die Ausgabe der Fehlerursache benötigt werden, ist es zweckmäßig, nicht nur zwischen den beiden Zuständen „Fehlerfrei" bzw. „Fehlerbehaftet" zu unterscheiden. Der Zustandsautomat ist in **Abbildung 4.5** als Matlab Stateflow-Objekt dargestellt. Ergänzend ist zur Erläuterung in **Abbildung 4.6** die Abfolge der Symptomzustände abgebildet:

Die Eingangsgrößen jedes Symptom-Zustandsautomaten sind verschiedene Bedingungen, die mit dem Wert 1 belegt sind, wenn zutreffend und mit dem Wert 0, wenn nicht zutreffend. Es werden folgende Bedingungen als Eingang für den Zustandsautomaten benötigt:

- **Vorbedingung (Precondition, PC)**: Die Bedingung gibt Aufschluss darüber, ob das Fehlersymptom zum aktuellen Zeitpunkt ausgewertet werden kann. Soll beispielsweise der Widerstand eines Elektromagneten überwacht werden, so ist die Vorbedingung, dass an diesem eine elektrische Spannung U anliegt, erforderlich.

- **Hauptbedingung (Maincondition, MC)**: Die Hauptbedingung ist die eigentliche Fehlerbedingung, die auf wahr (Wert 1) gesetzt wird, sobald ein fehlerhafter Zusammenhang festgestellt wird. Am Widerstand des Elektromagneten ist dies z.B. ein zu geringer Widerstand.

- **Rücksetzbedingung (Resetcondition, RC)**: Die Rücksetzbedingung ist eine zusätzliche Abfrage, die ggf. erfüllt sein muss, um ein als fehlerhaft erkanntes Symptom wieder in den fehlerfreien Zustand zurückzusetzen. Bei der Überwachung eines zu hohen Temperaturwertes ist beispielsweise ein geringerer Temperaturwert zu unterschreiten, als dieser, der den Fehlerzustand ausgelöst hat.

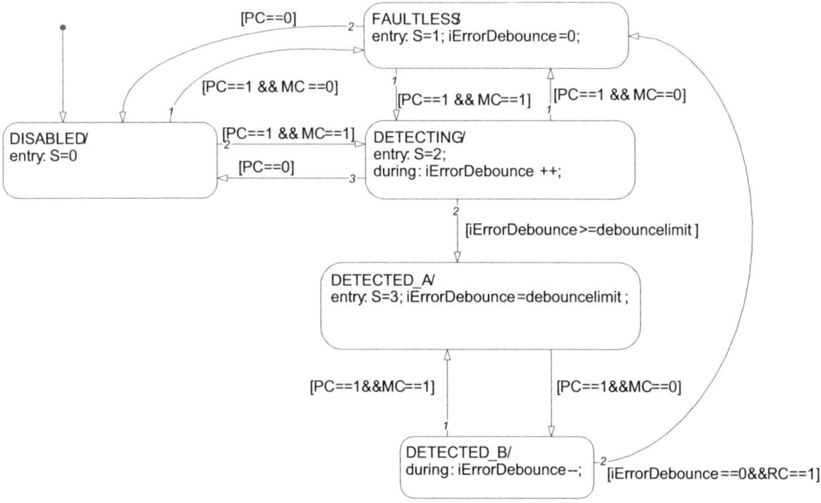

Abb. 4.5.: Zustandsautomat der Fehlersymptome

Der Zustandsautomat versetzt jedes Fehlersymptom $s_i(t)$ in den entsprechenden Zustand. Demnach gibt es folgende Möglichkeiten bzw. Zustände für s_i:

- DISABLED: Das Fehlersymptom ist derzeit nicht auswertbar

- FAULTLESS: Das Symptom kann geprüft werden, das Ergebnis ist fehlerfrei

- DETECTING: Das Fehlersymptom kann geprüft werden und das Symptom erfüllt die Voraussetzungen, um nach Ablauf der Entprellzeit[1] in den Zustand DETECTED zu wechseln.

- DETECTED: Das Fehlersymptom befindet sich im fehlerhaft erkannten Zustand.

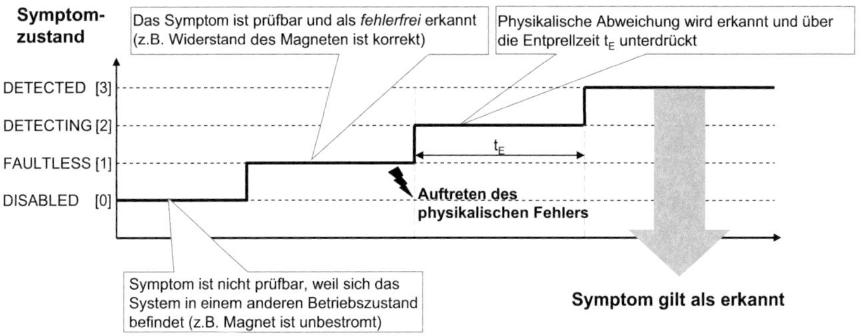

Abb. 4.6.: Zeitliche Darstellung des Symptomzustandes

Jeder Zustandsautomat verfügt über einen *Debouncecounter*. Dieser stellt eine „Entprellzeit" dar. Das heißt, die Bedingungen müssen eine gewisse Zeit anhalten, bis das Symptom auf ein *erkanntes* Fehlersymptom umschaltet (DETECTED). Grund dafür ist, dass kurzzeitige oder zufällige Überschreitungen von Zulässigkeitsgrenzen im Betrieb nicht sofort als erkannte Fehlersymptome ausgegeben werden, wenn keine direkte funktionelle Beeinträchtigung vorliegt.

Ein Beispiel dafür ist der Widerstand eines Elektromagneten: Wird eine unzulässige Abweichung des elektrischen Widerstands ermittelt, so wird das Symptom in den Zustand DETECTING versetzt. Sollte nun eine fehlerhafte Pumpenfunktion auftreten (z.B. Schwenkwinkelabweichung zum Sollwert), kann dies sofort auf die Fehlerursache des Elektromagneten zurückgeführt werden. Kommt es hingegen nicht zu einer fehlerhaften Pumpenfunktion, so muss der fehlerhafte Widerstand zunächst lange genug vorliegen, bis der Fehlerzustand dem übergeordneten Steuergerät oder dem Bediener übermittelt wird. Es wird also vermieden, dass unnötige Fehlermeldungen auftreten.

---

[1]Kulanzzeit, welche eingeräumt wird, damit das Fehlersymptom nicht bereits bei kleinen, zufällig auftretenden Abweichungen in den Zustand DETECTED versetzt wird.

Zusätzlich wird die Vergangenheit jedes Symptoms mit in die spätere Auswertung einbezogen. Dieses „Symptommemory" $\vec{S}_m$ kann für jedes Symptom die Einträge DISABLED, FAULTLESS und DETECTED annehmen. Durch die erweiterte Kenntnis über die Vergangenheit steht auch im Falle des aktuellen Symptomzustandes DISABLED die Information zur Verfügung, ob genau dieses Fehlersymptom in der kürzlichen Vergangenheit prüfbar war und gegebenenfalls mit welchem Resultat. Hat das jeweilige Symptom s_i seit dem letzten Einschalten nie den Zustand DISABLED verlassen, so bleibt der Eintrag im Symptommemory $s_{m,i}$ auf DISABLED. War innerhalb der Vergangenheit seit dem letzten Einschalten das Symptom s_i auf FAULTLESS, so verbleibt das Symptommemory s_i auf FAULTLESS. Wechselt das Symptom s_i auf DETECTED, so verbleibt das Symptommemory auf dem Zustand DETECTED. Ein Zurücksetzen auf den Zustand FAULTLESS für $s_{m,i}$ ist erst dann möglich, wenn über eine Ausheildauer T_A das Fehlersymptom s_i im Zustand FAULTLESS war.

Somit sind als Eingangsgrößen für die Ursachenfindung bekannt: Die Zustände aller Symptome im Symptomvektor $\vec{S}$, die Zustände im Symptommemoryvektor $\vec{S}_m$ und die Ursachen-Symptom-Matrix, welche die Wissensbasis repräsentiert (vgl. **Abbildung 4.7**).

Sämtliche Symptome bilden für jeden Zeitpunkt t einen Symptomvektor $\vec{S}$

$$\vec{S}(t) := (s_1(t),\ s_2(t),\ \cdots,\ s_n(t)) \qquad [4.3]$$

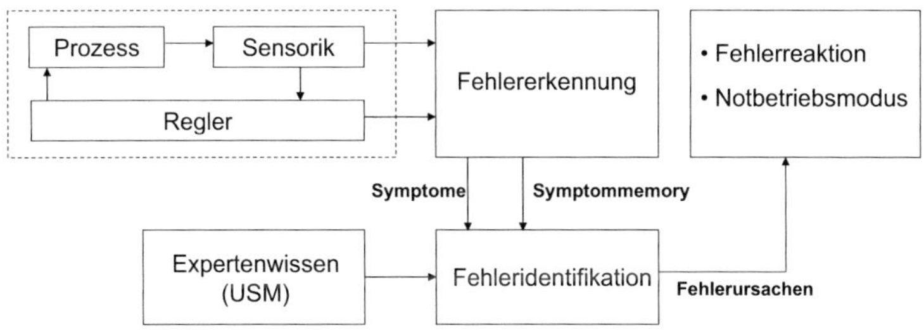

Abb. 4.7.: Einbindung der Fehleridentifikation

89

4.2.3. Vorgehensweise zur Fehleridentifikation aus Symptomen

Im Folgenden wird die Vorgehensweise der Identifikation beschrieben: Die Ursachen-Symptom-Matrix wird wie bereits erwähnt dargestellt durch **USM**. Dabei entsprechen die Spalten $j = 1, ..., n$ den verschiedenen Symptomen und die Zeilen $i = 1, ..., m$ den Fehlerursachen.

$$\mathbf{USM} = \begin{pmatrix} a_{11} & \cdots & a_{1n} \\ \vdots & \ddots & \vdots \\ a_{m1} & \cdots & a_{mn} \end{pmatrix}$$

Für jede Ursache ist in der Ursachen-Symptom-Matrix eine Zeile angelegt. In jeder Spalte ist der Zusammenhang zum jeweiligen Symptom hinterlegt. Ist beispielsweise in a_{1n} der Eintrag *Consecutio necessaria* vergeben, so bedeutet dies, dass die Ursache U_1 zwingend das Symptom s_n herbeiführt.

Um nun auf die Fehlerursache zu schließen, werden sämtliche Symptome mit den Einträgen der jeweiligen Ursache verglichen und nach dem Schema in **Tabelle 4.3** ausgewertet. Als Ergebnis aus der Evaluation erhält man für jede Fehlerursache einen *Erfüllungsgrad E* und einen *Abdeckungsgrad A*:

Der **Erfüllungsgrad** gibt an, wie genau die Symptomkombination mit der Ursache der in der vom Expertenkreis hinterlegten Wissensbasis hinterlegten Annahmen übereinstimmt und ist ein Wert zwischen 0% und 100%.

$$E_{Ui} = \left(\frac{\sum\limits_{j=1}^{n} e_{ij}}{N_i} + 50 \right) \% \qquad [4.4]$$

Dabei ist N_i die Anzahl der Einträge für die Ursache U_i mit *Consecutio necessaria* und *Consecutio impossibilis*. Als Zahlenwert ergibt sich für e_{ij} für jede einzelne Fehlerursache und jedes Symptom zu: 50 (sehr wahrscheinlich), 25 (wahrscheinlich), 0 (neutral), -25 (eher unwahrscheinlich), -50 (sehr unwahrscheinlich).

Im Fall eines Ausschlusses der jeweiligen Ursache (vgl. **Abbildung 4.3**) wird der Erfüllungsgrad zu -1 gesetzt und die Ursache ausgeschlossen.

Dies ist zum Beispiel dann der Fall, wenn in der Ursachen-Symptom-Matrix an der Stelle a_{ij} der Eintrag „Consecutio impossibilis" steht und sich das Symptom s_j im Zustand

Tab. 4.3.: Evaluierungsschema zur Fehleridentifikation

Eingangsgrößen			Ergebnis	
USM	Symptom	Symptommemory	Erfüllungsgrad	Abdeckungsgrad
Consecutio necessaria	DISABLED	DISABLED	neutral	--
		FAULTLESS	eher unwahrscheinlich	--
		DETECTED	eher wahrscheinlich	covered
	FAULTLESS	FAULTLESS	Ausschluss der Ursache	--
		DETECTED	eher wahrscheinlich	covered
	DETECTING	DISABLED	eher wahrscheinlich	covered
		FAULTLESS	eher wahrscheinlich	covered
		DETECTED	sehr wahrscheinlich	covered
	DETECTED	DETECTED	sehr wahrscheinlich	covered
Consecutio impossibilis	DISABLED	DISABLED	neutral	--
		FAULTLESS	eher wahrscheinlich	--
		DETECTED	eher unwahrscheinlich	not covered
	FAULTLESS	FAULTLESS	sehr wahrscheinlich	--
		DETECTED	neutral	not covered
	DETECTING	DISABLED	eher unwahrscheinlich	--
		FAULTLESS	eher unwahrscheinlich	--
		DETECTED	eher unwahrscheinlich	not covered
	DETECTED	DETECTED	Ausschluss der Ursache	not covered
Consecutio possibilis	DISABLED	DISABLED	entfällt	--
		FAULTLESS		--
		DETECTED		covered
	FAULTLESS	FAULTLESS		--
		DETECTED		covered
	DETECTING	DISABLED		covered
		FAULTLESS		covered
		DETECTED		covered
	DETECTED	DETECTED		covered
Consecutio externa	DISABLED	DISABLED	entfällt	--
		FAULTLESS		--
		DETECTED		not covered
	FAULTLESS	FAULTLESS		--
		DETECTED		not covered
	DETECTING	DISABLED		--
		FAULTLESS		--
		DETECTED		not covered
	DETECTED	DETECTED		not covered

DETECTED befindet. Es liegt also ein Symptom vor, dass nicht von der Ursache U_i hervorgerufen werden kann. Unter der Annahme, dass nie mehrere Fehlerursachen gleichzeitig auftreten[2], wird die Ursache U_i ausgeschlossen. Ein einfaches Beispiel hierzu ist das Symptom „die Straße ist trocken", welches sich im Zustand DETECTED befindet. Daraus folgt dass die Ursache (z. B. für einen schlechten Gemütszustand) *nicht* die Ursache „Regen" ist. Neben diesem gibt es ein weiteres Ausschlusskriterium:
Wenn in der Ursachen-Symptom-Matrix an der Stelle a_{ij} der Eintrag „Consecutio necessaria" steht und sich das Symptom s_j im Zustand FAULTLESS befindet darüber hinaus während der Betriebszeit das Symptom auch nie in den Zustand DETECTED gewechselt ist, kann die Ursache U_i ebenfalls ausgeschlossen werden. Auch hierzu sei analog zur obigen Erklärung als einfaches Beispiel aufgezeigt: Das Symptom „die Straße ist nass" befindet sich im Zustand FAULTLESS (folglich ist die Straße trocken). Da die Straße

---

[2]In der Entwicklungsmethodik anhand einer FMEA wird dies vorausgesetzt

zusätzlich dazu auch über den ganzen Tag hinweg nicht nass war, wird die Ursache „Regen" für diesen Zeitraum als ausgeschlossen betrachtet.

Alle anderen Fälle in **Tabelle 4.3** führen nicht dazu, dass eine Fehlerursache sofort ausgeschlossen werden kann. Wenn also eine Ursache nicht durch mindestens ein Ausschlusskriterium eliminiert werden kann, erfolgt die Priorisierung anhand des Abdeckungsgrades und des Erfüllungsgrades.

Der *Abdeckungsgrad* ergibt sich aus den Symptomen und ist ein Maß dafür, wie viele der aufgetretenen Symptome von der jeweiligen Ursache verursacht wurden. Ist der Abdeckungsgrad A_i 100% bedeutet dies, dass sämtliche aufgetretenen Fehlersymptome durch die Ursache u_i erklärbar sind. Es gilt:

$$A_i = \frac{n_{covered}}{n_{covered} + n_{notcovered}} \qquad [4.5]$$

Der Erfüllungsgrad und der Abdeckungsgrad ermöglichen eine Aussage, welche Fehlerursachen in Betracht kommen. Eine notwendige Bedingung für eine sichere Fehleridentifikation ist, dass eine Ursache sämtliche Fehlersymptome, welche sich im Zustand „detected" befinden tatsächlich verursachen kann. Dies ist dann der Fall, wenn der Abdeckungsgrad 100% entspricht. Andernfalls ist die Ursache nicht in der Lage, sämtliche aktiven Symptome zu erklären und kann nicht als definitive Ursache bestimmt werden. Demzufolge ist eine notwendige Bedingung bei der Fehleridentifikation, dass nur Ursachen mit einem Abdeckungsgrad von 100% in Betracht kommen. Alle Ursachen mit einem Abdeckungsgrad kleiner 100% werden als nicht zutreffende Fehlerursache eliminiert. Der Erfüllungsgrad enthält die probabilistische Information über die jeweilige Ursache und dient einer Priorisierung, sollten mehrere Ursachen mit dem Abdeckungsgrad von 100% vorliegen. Daneben enthält der Erfüllungsgrad auch die Information über den unmittelbaren Ausschluss einer Ursache (vgl. **Tabelle 4.3**).

4.2.4. Symptome zur Fehleridentifikation

In diesem Abschnitt werden einige ausgewählte Symptome vorgestellt. Symptome, welche die Überwachung des elektrischen Kreises (z.B. Strom, Widerstand der Proportionalmagneten usw.) betreffen, sind trivial und werden deshalb nicht genauer vorgestellt:

Beispielsweise ist aus dem bekannten Puls-Pausen-Verhältnis am Leistungsausgang und dem gemessenen Strom am Messeingang eine einfache Ermittlung des Widerstandes der Spulenwicklung möglich. Auf eine detaillierte Ausführung dazu wird deshalb verzichtet. Es sei jedoch erwähnt, dass die Auswertung und die Erkennung der elektrischen Symptome schneller erfolgen müssen, als die aufgrund des elektrischen Fehlers folgenden Fehler in der Regelstrecke. Dadurch ist sichergestellt, dass ein Abweichen sofort auf die elektrische Fehlfunktion zurückgeführt werden kann.

Symptom Magnetstrom - Schwenkwinkel

Ein Symptom zur Überwachung der korrekten Funktionsweise ist die Überwachung des Zusammenhangs zwischen Magnetstrom am Druckreduzierventil der Verstellung und des Schwenkwinkels. Im statischen Fall wird lediglich ein geringer Wertebereich des möglichen Magnetstroms benötigt, wohingegen im dynamischen Fall der gesamte Wertebereich erforderlich ist. Es sind folgende Szenarien denkbar:

1. Berechnung eines Aufenthaltsbereiches für den Messwert des Schwenkwinkels aus dem Strom am Proportionalmagneten (Vorgehensweise I)

2. Berechnung eines Aufenthaltsbereiches für den Messwert des Magnetstromes aus dem gemessenen Schwenkwinkel (Vorgehensweise II)

Zur Auswahl erfolgt eine Vorüberlegung:
Zwei Messgrößen A und B besitzen eine Abhängigkeit gemäß einer Geradengleichung

$$B = m \cdot A + c \qquad [4.6]$$

Aufgrund von Fertigungstoleranzen kann die Gerade um einen Offset nach oben oder nach unten verschoben sein (**Abbildung 4.8**).
 Als Beispiel ist eine geringe Steigung von $m = 0,1$ gewählt. Die Abbildung links oben zeigt, dass über den gesamten Wertebereichs der Eingangsgröße A ein gleichbleibender Aufenthaltsbereich der Messgröße B aufgespannt wird. Im invertierten Fall (rechts) mit vertauschten Achsen ist über weite Bereiche der Eingangsgröße B der Vergleichsgröße A der Wert 0 bzw. 1 zugeordnet. Lediglich in einem kleinen Wertebereich der Eingangsgröße ist eine Zuordnung zu den Werten dazwischen möglich. Diesen Zusam-

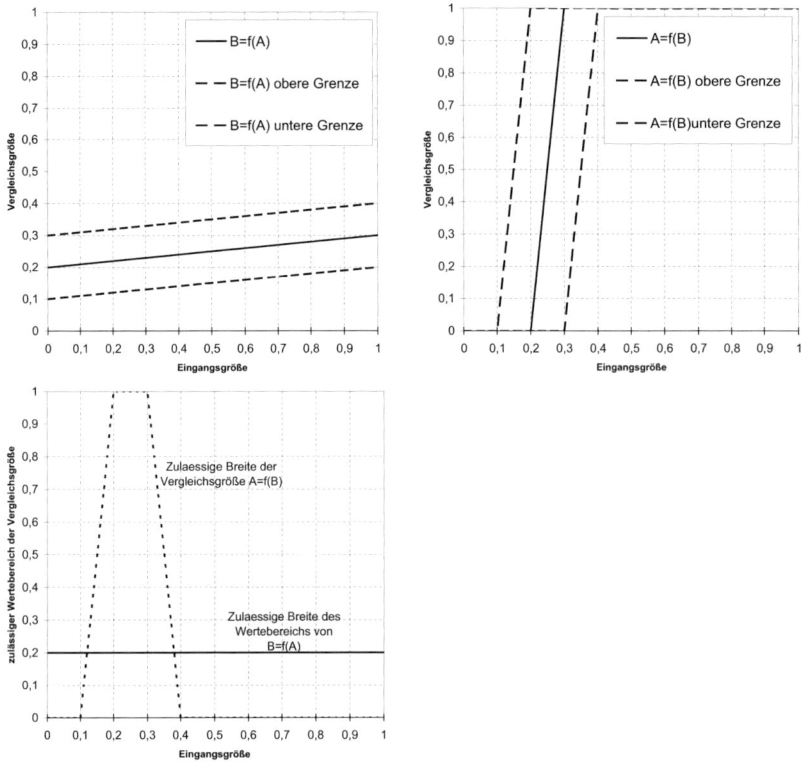

Abb. 4.8.: Eingangsgröße A mit Vergleichsgröße B(links), Eingangsgröße B und Vergleichsgröße A (rechts), Zulässige Bereichsbreite der Vergleichsgröße (unten)

menhang zeigt auch 4.8 (unten). Im Wertebereich der Eingangsgröße B zwischen 0,2
und 0,3 ist für die Vergleichsgröße A sogar der ganze Messbereich innerhalb des plausiblen Fensters. Aus diesem Grund ist es sinnvoll, stets die Größe als Vergleichsgröße
heranzuziehen, welche mit einer geringeren Steigung von der Eingangsgröße abhängig
ist.

Für die oben genannte Problemstellung wird der Zusammenhang zwischen Magnetstrom
und Schwenkwinkel betrachtet. **Abbildung 4.9** zeigt, dass gemäß der angestellten Vorüberlegung die Vorgehensweise II besser geeignet ist. Dies ist in der geringen Steigung
begründet. Zusätzlich zeigt die Abbildung die aus einer Grenztoleranzbetrachtung resultierenden Toleranzbreite des Zusammenhangs.

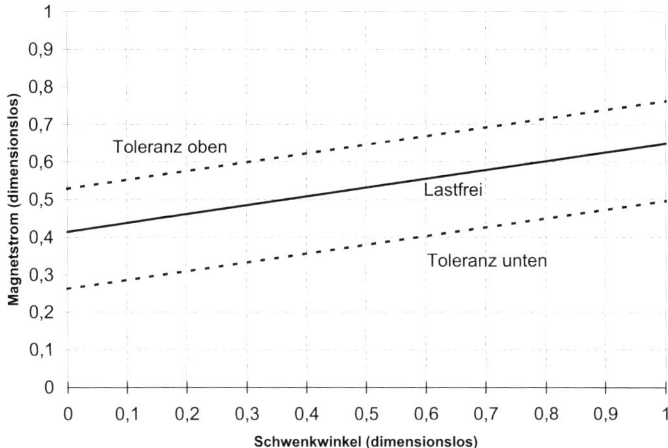

Abb. 4.9.: Zusammenhang zwischen Schwenkwinkel und Strom am Proportionalmagneten mit Toleranzen

In Abhängigkeit der Triebwerkskräfte sind zusätzliche Verschiebungen des Plausibilitätskennfeldes erforderlich. **Abbildung 4.10** zeigt den Zusammenhang zwischen dem Strom am Proportionalmagneten und dem Schwenkwinkel für verschiedene Lastfälle.

Toleranzhülle der maximalen Regelabweichung

Zur Generierung eines Fehlersymptoms zur Überwachung des Regelverhaltens wird ein neu entwickelter Ansatz einer sogenannten Toleranzhülle verwendet. Die Überlegung dabei ist, dass geringfügige Abweichungen der Regelgröße toleriert werden und auch im dynamischen Betrieb kleine Abweichungen zulässig sind, solange das prinzipielle Schwenkverhalten der Axialkolbenpumpe gewährleistet und funktionsfähig ist. Dies bedeutet, dass im stationären Zustand streng darauf geachtet werden muss, dass der Istwert der Regelgröße dem Sollwert entspricht. Bei dynamischen Vorgängen ist die Toleranz entsprechend größer. Die Aufweitung des Toleranzbandes bei dynamischen Vorgängen erfolgt mithilfe eines Zeitgliedes erster Ordnung, allgemein ausgedrückt durch:

$$G_{PT1}(s) = \frac{Y(s)}{U(s)} = \frac{1}{s\tau + 1} \qquad [4.7]$$

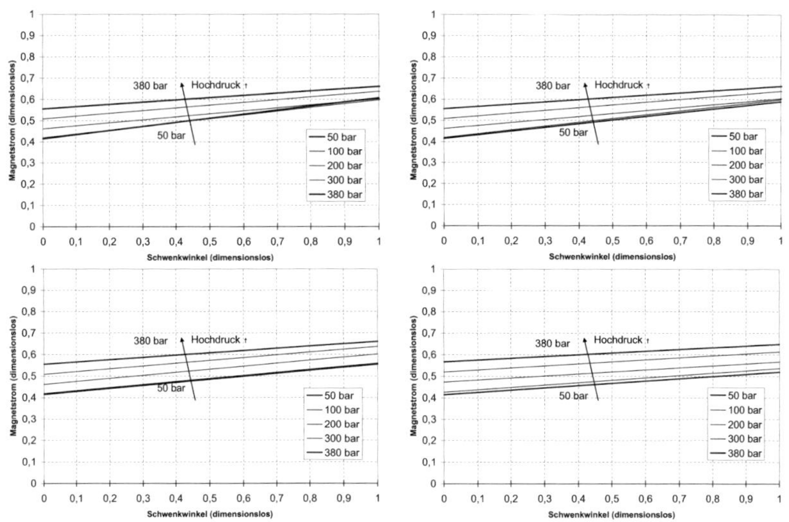

Abb. 4.10.: Strom am Proportionalmagneten über dem Schwenkwinkel bei verschiedenen Lasten und Drehzahlen: 1000 1/*min* (links oben), 1450 1/*min* (rechts oben), 2000 1/*min*(links unten), 2300 1/*min* (rechts unten)

Nach Überführung in den Zeitbereich und Eulertransformation ergibt sich die diskretisierte Form für die Umsetzung auf einem Steuergerät zu:

$$y_i = y_{i-1} - \frac{1}{\Theta} y_{i-1} + \frac{1}{\Theta} u_i \qquad [4.8]$$

mit

$$\Theta = 1 + \frac{\tau}{T_s} \qquad [4.9]$$

Der folgende Ausgabewert y_i wird somit aus dem vorangegangenen Wert y zum Zeitpunkt $i - 1$ und dem Eingangswert u berechnet. Die konstanten Werte der eingestellten Zeitkonstante τ sowie die Zykluszeit T_s des Steuergerätes, nach welcher ein neuer Wert berechnet wird sind in Θ zusammengefasst.

Aus obigen Überlegungen wird nun die Toleranzhülle in Abhängigkeit des Sollwertes (Sollschwenkwinkel) aufgespannt, indem abhängig vom Sollwert u der untere und der obere Begrenzungswert durch Geradenspiegelung berechnet wird. Zusätzlich wird eine Totzeit eingeräumt, welche den Toleranzwert verzögert ansteigen lässt. Das Ergebnis ist für einen Sollwertsprung im fehlerfreien Fall dargestellt in **Abbildung 4.11**. Steigt der Lastdruck über den vorgegebenen Wert der Druckabschneidung, so wird der Sollwert der Schwenkwinkelregelung so weit zurückgenommen, dass der Druck auf den vorgegebenen Wert begrenzt wird. Dieses Szenario ist in **Abbildung 4.12** dargestellt. Man erkennt, dass die Toleranzhülle entsprechend angepasst wird und im fehlerfreien Fall der Istwert innerhalb des zulässigen Bandes liegt.

Neben der Dynamik des Sollwertes ist zudem die *Dynamik* des Lastdruckes aufgrund des Störgrößeneinflusses auf die Regelung des Schwenkwinkels zu berücksichtigen. Messungen zeigen, dass dieser Einfluss gering ist. Dennoch wird die Toleranzhülle an den entsprechenden Stellen aufgrund der dynamischen Druckänderung aufgeweitet und gemäß eines Zeitgliedes erster Ordnung wieder an den Sollwert angenähert, vgl. **Abbildung 4.13**.

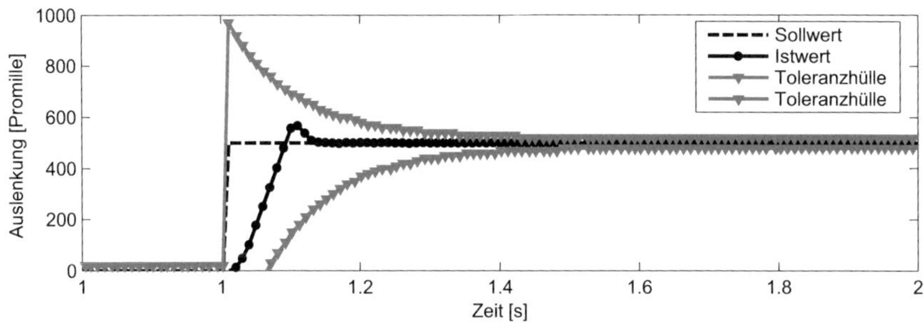

Abb. 4.11.: Beispiel für die Berechnung des zulässigen Wertebereiches des Istwertes in Abhängigkeit des Sollwertes

4.3. Identifikation ausgewählter Fehlerursachen

Im Folgenden werden einige exemplarisch Fehlerarten an der Verstellung der Axialkolbenpumpe und deren Identifikation vorgestellt (vgl. **Abbildung 4.14**).

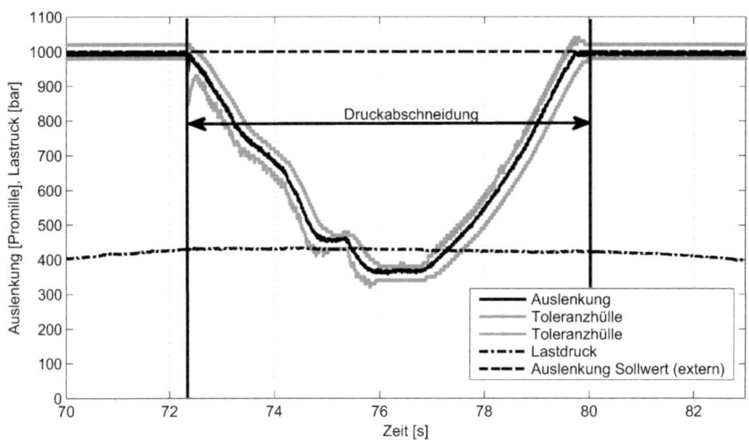

Abb. 4.12.: Toleranzhülle bei Druckabschneidung

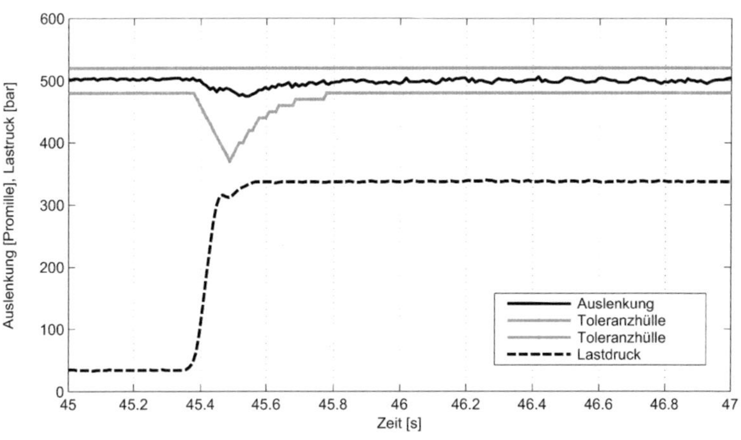

Abb. 4.13.: Aufweitung der Toleranzhülle aufgrund dynamischer Lastdruckänderung mit 4000bar/s

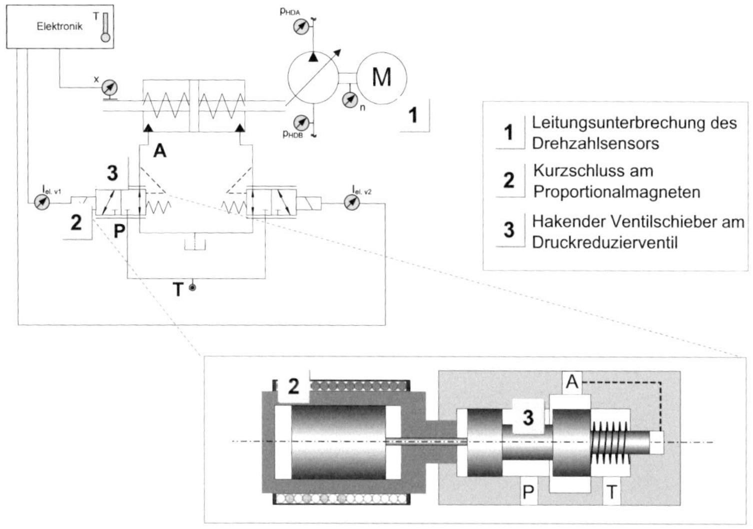

Abb. 4.14.: Fehlerursachen zur Darstellung der Fehleridentifikation

4.3.1. Identifikation der Leitungsunterbrechung des Drehzahlsensors

Eine Voraussetzung für die Funktionen der Axialkolbenmaschine ist ein korrekt erfasstes Drehzahlsignal. Eine Mindestdrehzahl ist zur Freigabe des Arbeitsbetriebes durch das elektronische Steuergerät erforderlich. Ist das Drehzahlsignal ausgefallen, so werden ohne eine Fehleridentifikation sämtliche Betriebsmodi gesperrt.

Dazu ist in **Abbildung 4.15** das Drehzahlsignal im Fall einer Leitungsunterbrechung des Sensors abgebildet. In diesem Zusammenhang sind die Verläufe der Symptomzustände zweier Symptome dargestellt. Diese sind das Symptom „Drehzahl zu gering ermittelt" sowie das Symptom „Fehlendes zyklisches Drehzahlsignal". Durch die Leitungsunterbrechung wird zunächst das Symptom „Fehlendes zyklisches Drehzahlsignal" erkannt und wechselt in den Zustand 2 (DETECTING) und anschließend in den Zustand 3 (DETECTED). Aufgrund der Leitungsunterbrechung wird zunächst – bedingt durch den Spannungsabfall – noch ein Drehzahlsignal ausgewertet, das jedoch zu Null reduziert wird. Somit wechselt das Symptom der zu geringen Drehzahl in den Zustand DETECTING und DETECTED, obwohl die Pumpe mit ausreichender Drehzahl betrieben wird. Der Abdeckungsgrad der Ursache „Kabelbruch Drehzahlsensor" beträgt als notwendige Bedingung 100% für beide auftretenden Fehlersymptome. Im Gegensatz dazu beträgt der Abdeckungsgrad der Ursache „Drehzahl der Pumpe ist zu gering" nur 50%. Dies ist darin begründet, dass durch eine tatsächlich zu geringe Drehzahl nicht das Symptom eines ausgefallenen Drehzahlsignals hervorgerufen werden kann. Die Symptome stimmen eindeutig mit den Annahmen des Expertenteams der FMEA-Sitzungen überein. Dadurch beträgt auch der Erfüllungsgrad bei der Ursache der Leitungsunterbrechung 100%. Die Fehlerursache der Leitungsunterbrechung ist somit identifiziert.

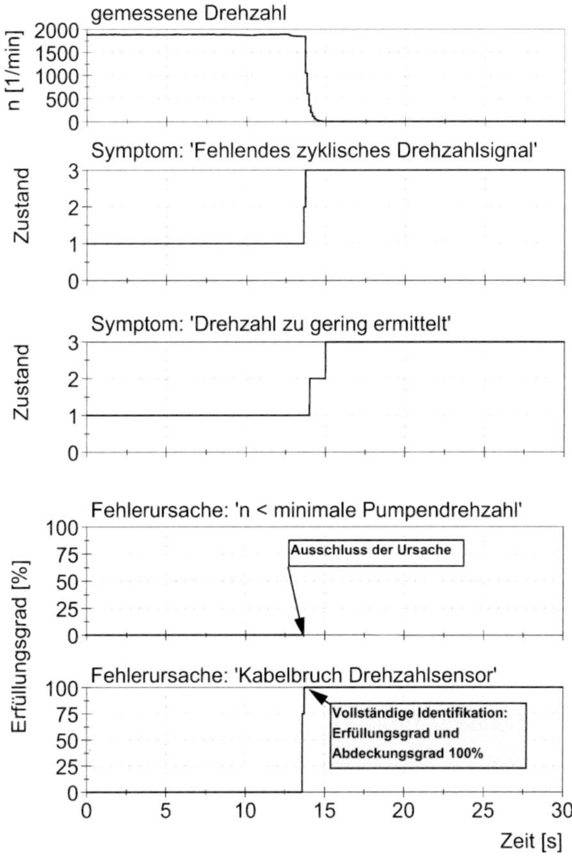

Abb. 4.15.: Identifikation einer Leitungsunterbrechung zum Drehzahlsensor

Im Rahmen eines geeigneten Notbetriebsmodus wird folglich für den weiteren Maschinenbetrieb vorgeschlagen, die Pumpe unter Verzicht auf das Drehzahlsignal weiterzubetreiben, so dass das Steuergerät der Pumpe die Funktionen nach Quittieren durch den Fahrer dennoch zulässt.

Das Beispiel zeigt, dass trotz ausgefallenem Drehzahlsignal durch das neue Verfahren der Maschinenbetrieb weiterhin möglich ist, ohne dass hierfür ein zweiter, redundanter Drehzahlsensor benötigt wird.

4.3.2. Identifikation eines Kurzschlusses

Ein möglicher auftretender Fehler an der elektrischen Verkabelung ist ein Kurzschluss zwischen den elektrischen Anschlüssen des Steuergerätes zum Proportionalmagneten. **Abbildung 4.16** zeigt, dass unmittelbar bei auftretendem Kurzschluss – bedingt durch die fehlende Magnetkraft – der Schwenkwinkel der Pumpe auf neutral zurückgeht. Zusätzlich sind in der Abbildung die Verläufe der für diesen Fall wichtigen Symptome dargestellt. Da die Änderung des elektrischen Zustandes (Widerstand ist zu gering) in der Abbildung in den Zustand 2 (DETECTING) wechselt, *bevor* die Überwachung der Toleranzhülle in den Zustand DETECTED übergeht, gilt das Symptom des geänderten Widerstandes als ausreichend, um die Abweichung zu erklären, so dass folglich der geänderte Widerstand und damit der Kurzschluss für die Fehlfunktion identifiziert wird.

4.3.3. Identifikation eines hakenden Ventilschiebers

Ein hakender Ventilschieber hat zur Folge, dass die Verstelleinheit ihre Regelungsfunktion nicht mehr fehlerfrei ausführt. Meist ist ein hakender Ventilschieber auf verschmutzungsbedingtes Klemmen zurückzuführen. Im Betrieb wird mit der neuen Form der Fehleridentifikation in erster Linie das Symptom einer unzulässigen Abweichung vom Sollwert des Schwenkwinkels herangezogen. Andere Fehlerursachen, die zu einer Abweichung führen könnten, wie beispielsweise Fehler an der Verkabelung der Proportionalmagnete, können durch Symptome, welche auf dem elektrischen Widerstand basieren, ausgeschlossen werden.

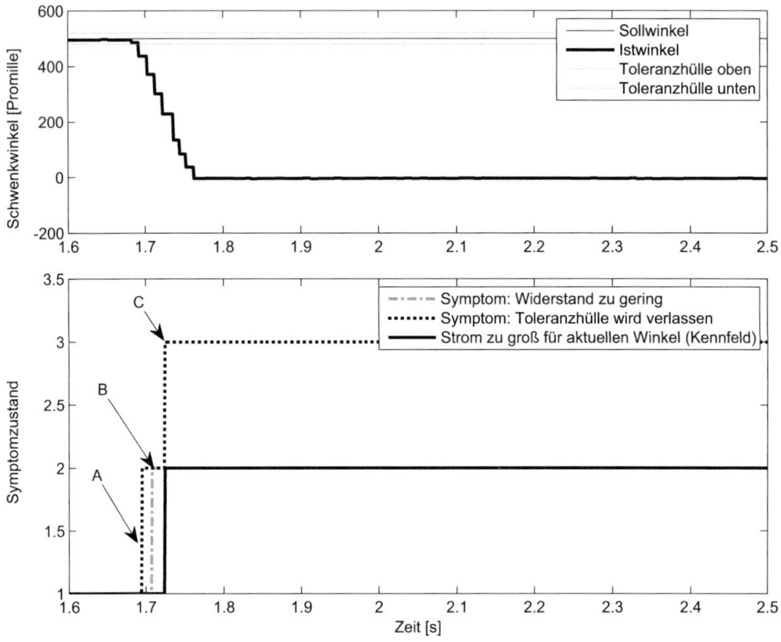

Abb. 4.16.: Kurzschluss zwischen den Pins (Leistungsausgang und Leistungseingang) am Proportionalmagneten

In **Abbildung 4.17** ist das Verhalten bei einem hakenden Ventilschieber dargestellt. Der Sollwert wird durch eine Sprungfunktion aus der Neutralposition auf 1000 Promille erhöht. Durch die Klemmeinrichtung wird der Ventilschieber zunächst in seiner axialen Bewegung gehindert und zu einem definierten Zeitpunkt losgelassen. Man erkennt, dass der Istwert die untere Toleranzhülle verlässt, wodurch das Symptom der Regelabweichung ausgelöst wird und nach einer kurzen Entprellzeit 20ms in den Zustand 3 (DETECTED) wechselt. Diese Entprellzeit wird toleriert, so dass sehr geringe Störungen nicht sofort zu einer Fehlermeldung führen. Zusätzlich spricht das Symptom an, welches den plausiblen Zusammenhang zwischen Magnetstrom und Schwenkwinkel analysiert (s. 3. Diagramm in **Abbildung 4.17**). Dieses Symptom verfügt über eine Entprellzeit von mehreren Sekunden. Ein größerer elektrischer Strom, als in dem Toleranzkennfeld zulässig, ist zunächst nicht sicherheitskritisch, solange es nicht zu einer Abweichung der Schwenkwinkelposition kommt. Deshalb kann dieses Symptom mit einer längeren

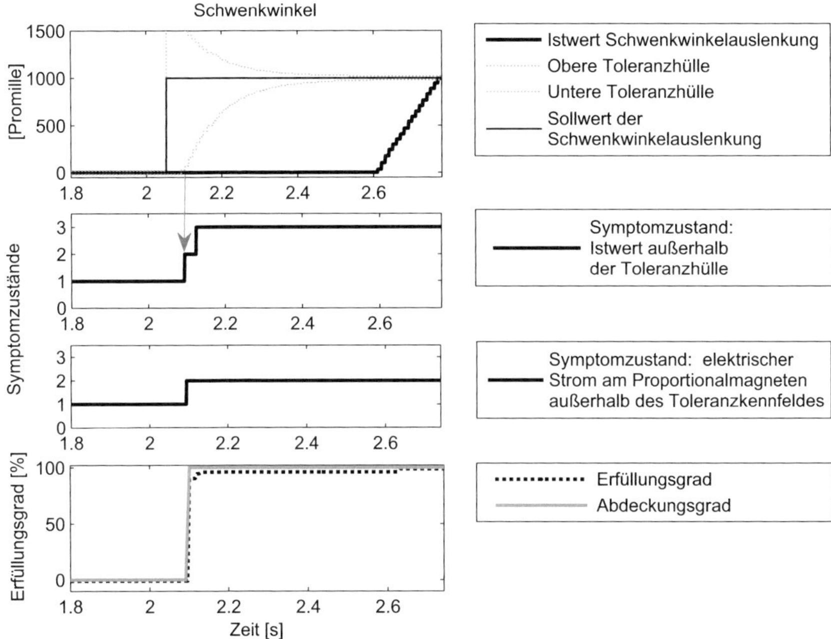

Abb. 4.17.: Veranschaulichung der Fehleridentifikation anhand eines hängenden Ventilschiebers

Entprellzeit implementiert werden. Bei der Suche nach der Fehlerursache der Regelabweichung ist jedoch bekannt, dass sich das Symptom im Zustand DETECTING (2) befindet. Im untersten Diagramm der Abbildung ist der Erfüllungsgrad für die Fehlerursache eines hakenden Ventilschiebers angegeben. Dieser nimmt einen Wert von nahezu 100% an, wohingegen andere Ursachen (nicht abgebildet) aufgrund der zugehörigen Symptome ausgeschlossen werden. Der Abdeckungsgrad entspricht dann 100%. Dies bedeutet, dass durch die Ursache eines hakenden Ventilschiebers sämtliche im Zustand DETECTED befindliche Symptome erklärbar sind. Damit ist die Ursache identifiziert.

5. Handlungsempfehlungen

In den vorigen Kapiteln sind zwei wesentliche Strategien zur Verfügbarkeitssteigerung aufgezeigt. Daraus ergeben sich Handlungsempfehlungen. Diese betreffen die Hersteller der Maschinen, die Komponentenhersteller sowie die Käufer und Betreiber der Maschinen.

5.1. Empfehlung für den Einsatz von Online-Klassierverfahren

Um als Komponentenhersteller oder als Hersteller mobiler Maschinen eine Rückmeldung über die auftretenden Lasten im realen Feldeinsatz zu bekommen, sind Online-Klassierverfahren bzw. Load-Cycle-Monitoring-Funktionen notwendig. Eine einfache Überprüfung, ob Spezifikationsgrenzen überschritten werden (Out-of-Spec Monitoring), ermöglicht zwar eine eindeutige Klarstellung bei Gewährleistungsfragen, der Wissenszuwachs ist jedoch gering. Aus diesem Grund werden Onlineklassierverfahren anstelle einfacher Algorithmen für ein Out-of-Spec Monitoring vorgeschlagen.

Aufgrund der stetig fallenden Preise für elektronische Speicherbauteile stellt sich die Frage, ob in Zukunft die Verfahren zur Onlineklassierung überflüssig werden. In **Tabelle 5.1** sind beide Verfahren erläutert. Während bei der Offlineklassierung die Belastungszeitfunktion mit sämtlichen Werten über der Zeit erfasst wird, erfolgt bei der Onlineklassierung eine unmittelbare Datenreduktion durch das Klassierverfahren auf dem Steuergerät.

Die Vor- und die Nachteile sind zusammenfassend in **Tabelle 5.2** aufgeführt. Die Offlineklassierung kommt meist bei Erprobungsträgern zum Einsatz, bei denen spezielle Sensoren über einen begrenzten Messzeitraum eingesetzt werden. Die Anforderungen an die Mobiltauglichkeit sind dementsprechend gering, so dass ausgefallene Sensoren oder ausgefallene Elektronikkomponenten der Experimentalmesstechnik einfach ausge-

Tab. 5.1.: Vergleich zwischen Online- und Offlineklassierung

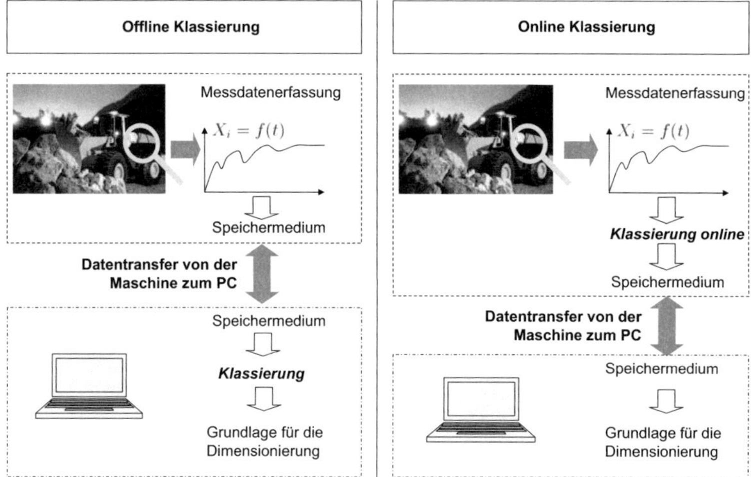

Tab. 5.2.: Vorteile und Nachteile der Online- und Offlineklassierung

Offline Klassierung	Online Klassierung
☺ Beliebige Sensorik	☺ Kostengünstige Messtechnik (Kostenneutral)
☺ Präzise Sensoren verwendbar	☺ Geringer Speicherbedarf
☺ Einfacher Tausch defekter Hardware	☺ Vielzahl an Maschinen wird gemessen
☺ Hohe Abtastraten	☺ Robuste Hardware (mobiltauglich)
☺ Alle Datenverläufe sind gespeichert und können beliebig analysiert und klassiert werden	☺ Geringer Aufwand bzgl. Messtechnischem Aufbau, Betreuung der Messungen
☹ Kurze Messzeiten (Speicherkapazität)	☹ Nicht klassierte Vorgänge, Effekte gehen verloren
☹ Häufiges Auslesen und Löschen des Speichers	☹ Klassierung muss parallel zu anderen Funktionen auf einem Steuergerät funktionieren
☹ Teure Soft- und Hardware	☹ geringe Abtastfrequenz
☹ Hoher Aufwand beim Aufbau der Messtechnik	
☹ Nur ausgesuchte Exemplare werden gemessen (Kosten!)	

tauscht werden. Aufgrund des begrenzten Messzeitraums können die Sensorsignale mit genauer Auflösung und hoher Abtastrate aufgezeichnet werden. Besonders vorteilhaft sind die über der Zeit vorliegenden Datenreihen, die im Anschluss eine beliebige Auswertung ermöglichen. Nachteilig sind insbesondere die hohen Datenmengen, welche gespeichert werden müssen. So ergibt sich innerhalb von 10.000 Stunden für ein einziges Messsignal über der Zeit bei einer Abtastfrequenz von einer Millisekunde[1] ein Speicherbedarf von 36 Gigabyte. Deshalb müssen die Speichermodule regelmäßig ausgelesen werden. Dieser hohe Betreuungsaufwand führt zu Zusatzkosten und wird deshalb in der Praxis nur in Sonderfällen, oft mit sehr kurzen Messdauern, angewandt. Aufgrund der hohen Kosten der Messsysteme können nur vereinzelte Belastungszeitfunktionen von Arbeitsmaschinen erfasst werden.

Die Onlineklassierung ermöglicht hingegen eine günstige Lösung, wie Betriebsdaten aus vielen verschiedener Maschinen im Feld unter realen Betriebsbedingungen gewonnen werden können. Die Kollektive beschränken sich nicht auf wenige Spezialgeräte. Vielmehr wird es dadurch möglich, realistische Betriebslasten aus vielen Maschinen im Arbeitseinsatz zu erfassen. Dennoch ist dabei zu berücksichtigen, dass aufgrund der begrenzten Performance die Abtastrate für eine wirtschaftliche Integration einer Onlineklassierung bei ca. einer Millisekunde liegt. Bei der Auslegung der Steuergeräte ist zu berücksichtigen, dass neben den normalen Steuerungs- und Regelungsaufgaben zusätzlich die Klassieroperationen ausgeführt werden müssen.

Der größte Nachteil der Onlineklassierung ist die fehlende Verfügbarkeit an Rohdaten. Aus diesem Grund ist eine sorgfältige Auswahl der gewünschten Klassierverfahren erforderlich, so dass die erforderlichen Informationen nicht verloren gehen. Eine Möglichkeit zur Auswahl von Klassierverfahren und Messgrößen ist die hier gezeigte Vorgehensweise anhand des Contact & Channel Models.

Kommt es zu Schadensfällen beim Anwender, ist die Ursache häufig, dass die Lasten im Feldeinsatz nicht den Lastannahmen bei der Dimensionierung entsprechen [65]. Durch eine kontinuierliche Lastkollektivbildung an der Maschine ist mit der vorgeschlagenen Methodik eine Möglichkeit gegeben, wie die Lasten der Maschine ständig mit den in der Dimensionierung angenommenen Lasten verglichen werden können und eine Lebensdauerabschätzung für die Verwendung in einem *belastungsabhängigen Instandhaltungskonzept* vorliegt.

---

[1]zugrundeglegter Speicherbedarf pro Messwert: 8 bit

Zukünftige Verwendung von Online Lastkollektiven

Die gesammelten Daten aus vielen Maschinen ermöglichen die Erstellung einer Datenbank der Betriebslasten im Feld und die Ableitung von standardisierten Prüfprofilen und Raffungsfaktoren für verschiedene Maschinentypen. Sind in hinreichendem Umfang klassierte Felddaten gesammelt, können kostenoptimierte Dimensionierungen für verschiedene Applikationen erfolgen. Darüber hinaus können die Entwicklungskosten deutlich reduziert werden, da die experimentelle Evaluierung von Materialien, Geometrien, Oberflächenbehandlungen, Herstellverfahren etc. vereinfacht wird [13].

Für die Hersteller mobiler Maschinen und die Betreiber ergibt sich durch die Verwendung von Klassierfunktionen an Komponenten, wie der Hydraulikpumpe, zusätzlicher Nutzen. Angrenzende Bauteile im Antriebsstrang können durch die bekannten Lastdaten ebenfalls bezüglich ihrer Schädigungssumme bewertet werden. Dies gilt insbesondere für Achsgetriebe, Gelenkwellen oder Schlauchleitungen. Zusätzlich ist auch eine Auswertung der Lastdaten bezüglich des Hydraulikölzustandes denkbar, so dass anhand von Kollektiven aus den äußeren Messgrößen wie Drehzahl, Druck die Alterung des Öls quantifiziert wird. Dadurch ist auch für den Betriebsstoff eine belastungsabhängige Wartung möglich. Voraussetzung ist jedoch eine genaue Kenntnis über das Ölalterungsverhalten in Abhängigkeit dieser Größen. Um dazu ein besseres Verständnis aufzubauen, sind die Online-Klassierverfahren eine geeignete Basis. Dies gilt ebenfalls für die tribologisch beanspruchten Wirkflächenpaare. Für die Lebensdauerabschätzung von Leitstützstrukturen und Tragstrukturen können die Berechnungsverfahren der Schadensakkumulationshypothesen angewendet werden. Für die Entwicklung von Schadensakkumulationshypothesen für Wirkflächenpaare sind weitergehende Untersuchungen nötig. Dadurch sind für diese Schadenskriterien ebenfalls Lebensdauerabschätzungen im Maschinenbetrieb mit dem Ziel der Verfügbarkeitssteigerung ohne aufwendige Zusatzsensorik möglich.

5.2. Empfehlung zur Komponentenauswahl für mobile Arbeitsmaschinen

Bei der Auswahl der Komponenten für neue Entwicklungen im Bereich hochwertiger mobiler Arbeitsmaschinen wird empfohlen, mechatronische Komponenten zu verwenden. Ein Beispiel ist die in dieser Arbeit verwendete Axialkolbenpumpe mit mechatronischer Verstellung. Besonders vorteilhaft ist dabei die Ausstattung an Sensoren in der Komponente sowie die eigene Elektronik des Subsystems. Dadurch ist bereits durch den Komponentenhersteller die Eignung der Sensoren für den mobilen Einsatz sichergestellt. Die Sensorsignale können wie die gesamte Komponente ohne großen Aufwand integriert werden. Herkömmliche Hydraulikpumpen mit rein hydraulisch-mechanischen Regelungskonzepten sind insbesondere für kostengünstige Maschinen, wie beispielsweise im Kommunalbereich, zu empfehlen, bei denen ein Ausfall mit weit weniger Folgekosten verbunden ist und die Steigerung der Verfügbarkeit nicht die Relevanz besitzt, wie z.B. im Bagger einer Mine, welcher mehrere Transportfahrzeuge bedient (vgl. Kapitel 2.3).

Neben der Möglichkeit, die erweiterte Elektronik der mechatronischen Komponenten für Überwachungsstrategien zur Verfügbarkeitssteigerung zu verwenden, vereinfacht die Elektronik mit Softwarereglern in komplexen Antrieben die Inbetriebnahme und Parametrierung. Während hydraulisch-mechanische Reglereinstellungen meist nur durch Tausch von Blenden, Federn etc. geändert werden können, erlauben die mechatronischen Subsysteme eine einfache Parametrierung über CAN Bus. Darüber hinaus können verschiedene Regelungsstrategien durch Softwareerweiterungen realisiert werden.

5.3. Empfehlung für die Ausstattung an Sensoren

In *Kapitel 4.2* wurde ein Verfahren zur Fehleridentifikation vorgestellt. Mit der bestehenden Ausstattung ist das System in der Lage, die erforderlichen Fehlerursachen zu identifizieren. Bei der Erstellung der Algorithmen wurde auf eine einfache Erweiterbarkeit Wert gelegt. Damit lassen sich verschiedenartige Symptome einfach ergänzen. Soll die Vorgehensweise der Fehleridentifikation im Rahmen einer *zustandsabhängigen Wartung*, wie in Kapitel 2.3 erläutert, angewandt werden, so sind zusätzliche Sensoren unumgänglich. Dies betrifft in erster Linie die Verwendung eines Sensors zur Überwachung der Fluideigenschaften. Die Fluideigenschaften sind sowohl als Frühindikator für den Verschleiß von Wirkflächen geeignet. Zudem lassen sich beispielsweise anhand einer zu geringen Viskosität die höheren tribologischen Belastungen der Wirkflächenpaare quantifizieren. Details dazu sind umfangreich in [62] beschrieben. Da von den Öleigenschaften ein hohes Schädigungspotential ausgeht ([57], [67]), ist ein solcher Sensor für eine zustandsabhängige Wartung besonders empfehlenswert.

5.4. Empfehlung für die Eigenschaften elektronischer Komponenten

Erforderliche Vorhaltezeit im Arbeitsspeicher

Aus den Lastkollektivbildungsverfahren ergeben sich die erforderlichen Randbedingungen für den Speicherbedarf. Die maximale Anzahl der Schreibzyklen N_{EEPROM} auf den nicht flüchtigen Speicher (EEPROM) und die Lebensdauer des Systems T_{gesamt} ergeben die mindestens erforderliche Vorhaltezeit t_i. Sie gibt an, wie lange die zwischenklassierten Ergebnisse im Arbeitsspeicher (RAM) vorgehalten werden müssen, damit die maximal zulässige Anzahl an Schreibvorgängen innerhalb der Systemlebensdauer nicht überschritten werden:

$$t_i = \frac{T_{gesamt}}{N_{EEPROM}} \qquad [5.1]$$

Aus $N_{EEPROM} = 10^6$ und einer erwarteten Lebensdauer T_{gesamt} von 10.000 Stunden ergibt sich eine Vorhaltezeit $t_{i,min}$ von 36 Sekunden (siehe **Abbildung 5.1**). Durch eine Vorhaltezeit von 60 Sekunden kann die Maschine entsprechend länger genutzt werden, bevor die zulässigen Schreibzyklen überschritten werden. Man erhält eine Sicherheit gegen Überschreiten der Schreibzyklen von 1,67 bzw. eine Gesamtnutzungsdauer der Klassierung von rund 16.700 Betriebsstunden.

Datentyp im Arbeitsspeicher

Basierend auf der Forderung, dass bei jeder Umdrehung der Triebwelle ein Wert klassiert wird und der Annahme, dass u.U. die gesamte Vorhaltezeit die Klassierdaten in die selbe Klasse fallen, lässt sich der erforderliche Datentyp im Arbeitsspeicher ableiten. Ausgehend von einer maximalen Drehzahl von $5000\frac{1}{min}$ erhält man alle 12ms einen neuen Eintrag. Dies sind, sofern die Pumpe während der gesamten Vorhaltezeit im gleichen Betriebspunkt arbeitet, 5000 Werte in der Zeit von $t_i = 60s$ bis die Daten auf den nicht flüchtigen Speicher geschrieben werden. Dafür ist das Zahlenformat 16-bit geeignet[2].

---

[2] (8-bit: $2^8 = 256$); 16-bit: ‚$2^{16} = 65.536$; 34-bit: $2^{24} = 16.777.216$

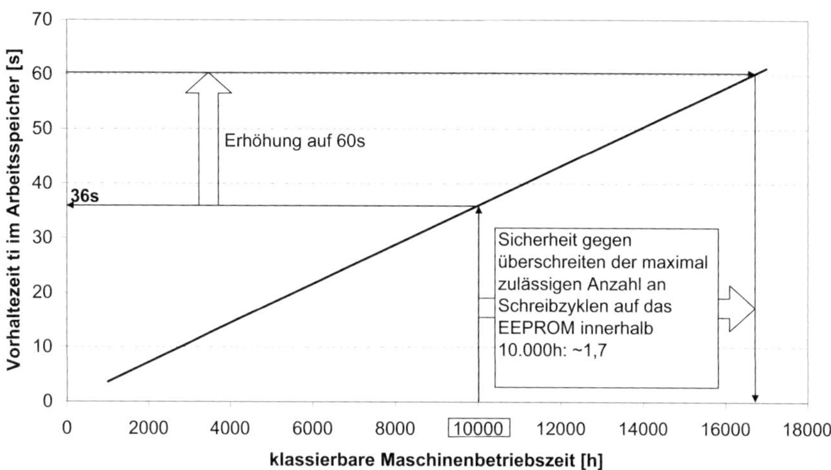

Abb. 5.1.: Vorhaltezeit im Arbeitsspeicher aufgrund der maximal zulässigen Schreibzyklen des EEPROM

Datentyp im nichtflüchtigen Speicher

Analog zur Berechnung des erforderlichen Datentyps für den Arbeitsspeicher lässt sich der Datentyp für den EEPROM berechnen. Daraus ergibt sich, dass für die Darstellung der Werte auf dem EEPROM eine 32-bit Darstellung der Klassiermatrizen empfohlen wird, um über der Lebensdauer der Maschine die Daten aufzuzeichnen.

Mögliche Klassenanzahl in Abhängigkeit des verfügbaren Speicherplatzes

Nachdem die notwendigen Datentypen für RAM (16bit) und EEPROM (32bit) aus der Gesamtlebensdauer und der maximal zulässigen Schreibzyklen auf den EEPROM festgelegt sind, lässt sich ein Zusammenhang zwischen der Klassenanzahl und dem erforderlichen Speicherbedarf auf RAM und EEPROM ableiten. Aus dem für Klassierzwecke freien Arbeitsspeicher kann unmittelbar die mögliche Klassenanzahl berechnet werden (**Abbildung 5.2**). Unter der Voraussetzung, dass 4-5kB für die Klassierung auf dem Arbeitsspeicher nicht überschritten werden, ergibt sich eine Klassenanzahl von 2300 bei 4,6kB Arbeitsspeicherbedarf.

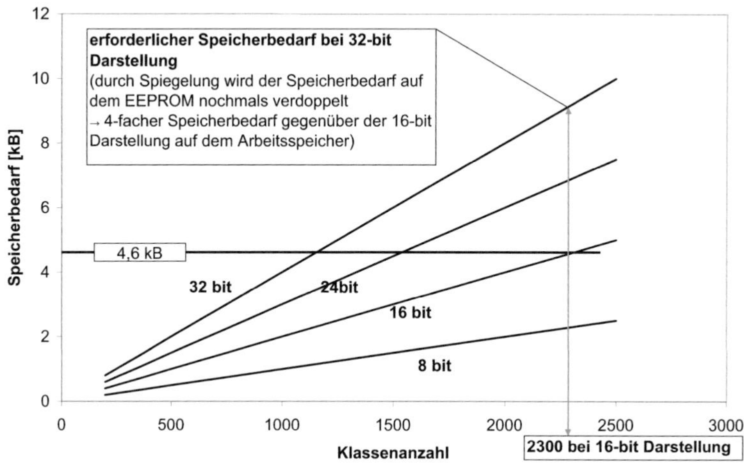

Abb. 5.2.: Speicherbedarf in Abhängigkeit der Klassenanzahl

Der benötigte EEPROM Speicher ergibt sich aufgrund der Datenlänge (32bit statt 16 bit) auf das Doppelte. Zur Gewährleistung der Datenintegrität auf dem EEPROM ist außerdem eine Prüfsumme notwendig. Dazu werden zwei identische Matrizen auf dem EEPROM abgespeichert. Im Fehlerfall wird die korrekte Matrix für die weitere Klassierung verwendet. Zudem werden für die Prüfsummenbildung zusätzliche Speicherzellen benötigt. Für die Projektierung des gesamten Speicherbedarfs im EEPROM ergibt sich somit überschlägig:

$$Speicherbedarf_{EEPROM} = Speicherbedarf_{RAM} \cdot 2 \cdot 2 \qquad [5.2]$$

Prozessor

Sämtliche im Rahmen dieser Arbeit durchgeführten Versuche wurden auf einem elektronischen Steuergerät mit einem C167-Mikrocontroller mit einer Taktung von 30 Mhz und einem externen Arbeitsspeicher von 32 kB durchgeführt. Die klassierten Betriebsdaten werden auf einen EEPROM mit 32 kB abgelegt. Aufgrund der weiteren Systemfunktionen, Regelung, Kommunikation etc. ist die Prozessorleistung in Summe ausreichend. Eine wesentliche Entlastung des Prozessors ist durch einen größeren Arbeitsspeicher zu erreichen. Dadurch kann bei der Betriebsdatenklassierung die gesamte Klassierungsmatrix im Arbeitsspeicher abgelegt werden. Diese wird zyklisch auf dem EEPROM gesichert, ohne dass eine Konvertierung des Zahlenformats erforderlich ist. Dadurch entfallen aufwendige Konvertierungsvorgänge sowie Lese- und Schreibprozesse. Dies führt dazu, dass der verwendete Mikrocontroller empfohlen wird, wenn der Arbeitsspeicher auf einen pinkompatiblen Arbeitsspeicher mit 125kB umgerüstet wird.

5.5. Fehlerreaktion aufgrund der identifizierten Fehlerursachen

Um anhand der identifizierten Fehlerursache auf einen geeigneten Notbetriebsmodus zu schließen, werden vorab die Zusammenhänge zwischen den Sensoren und dem Stellglied für die Schwenkwinkelregelung mit den Funktionen der Pumpenregelung hergestellt. In **Tabelle 5.3** sind die Leistungs–, Drehmoment–, Druck–, Volumenstrom–,

Tab. 5.3.: Zusammenhang zwischen Notbetriebsmodi, Sensorik und Aktorik

	Leistungsregelung	Momentenregelung	Druckregelung	Volumenstromregelung	Winkelregelung	Winkelsteuerung
Stellglied	■	■	■	■	■	■
Schwenkwinkelsensor	■	■	▫	■	■	
Drucksensor	■	■	■	▫		
Drehzahlsensor	■			■		
Temperatursensor	▫			▫		

■ Erforderlicher Messwert
▫ Messwert für die Genauigkeit

Schwenkwinkelregelung und Schwenkwinkelsteuerung mit den erforderlichen Funktionsträgern, welche im Rahmen der Fehleridentifikation betrachtet werden, in Zusammenhang gebracht. Die höchste Anforderung bzw. geringste Fehlertoleranz gegenüber ausfallende Teilfunktionen hat die Leistungsregelung. Einige Funktionen können trotz

Ausfall verschiedener Sensoren ausgeführt werden, werden jedoch hinsichtlich ihrer Regelgüte beeinträchtigt. Ist beispielsweise der Temperatursensor ausgefallen bzw. als fehlerhaft identifiziert, so ist eine temperaturabhängige Anpassung der Regelparameter außer Funktion. Dies führt dazu, dass die Regelung nur noch mit einer Standardparameterierung ausgeführt werden kann, wodurch die transienten Eigenschaften beeinträchtigt werden. Die höchste Fehlertoleranz hat eine einfache Schwenkwinkelsteuerung. Diese ist lediglich auf die Strecke des Stellgliedes, bestehend aus Ventil und Stellkolben, angewiesen.

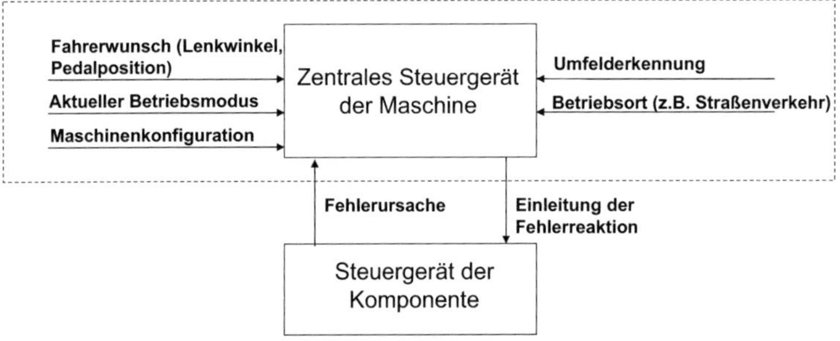

Abb. 5.3.: Fehlerreaktion durch das übergeordnete Steuergerät der mobilen Arbeitsmaschine

Wie in der individuellen Maschine mit den einzelnen identifizierten Fehlerursachen verfahren wird, obliegt dem Maschinenhersteller der Arbeitsmaschine. Um in einer Gefahrensituation die richtigen Fehlerreaktionen einzuleiten, ist die auf die einzelne Komponente beschränkte Systemkenntnis nicht ausreichend. Deshalb wird für die weitere Funktion die Vorgehensweise wie in **Abbildung 5.3** vorgeschlagen.

Das übergeordnete Maschinensteuergerät erhält vom jeweiligen Subsystem die bereits durch eine Fehleridentifikation ausgewertete Fehlerursache. Mit dieser Information und den weiteren, auf höherer Hierarchieebene vorliegenden Informationen wie zum Beispiel Fahrerwunsch, dem aktuellen Betriebsmodus usw. werden die im Gesamtsystem möglichen Funktionen festgelegt und im Notbetriebsmodus ausgeführt.

6. Zusammenfassung

Mobile Arbeitsmaschinen verfügen zunehmend über eine dezentrale Steuerungsstruktur, so dass einzelne Komponenten und Subsysteme mit eigenen Steuergeräten und eigener Sensorik ausgestattet werden. Zur Steigerung der Verfügbarkeit mobiler Arbeitsmaschinen sind verschiedene Instandhaltungsstrategien möglich. Während für stationäre Maschinen eine zustandsabhängige Instandhaltung empfohlen wird, ist dies für mobile Arbeitsmaschinen nur in besonderen Fällen geeignet. Nachteilig ist insbesondere, dass eine erweiterte Sensorik erforderlich ist und die wechselnden Umgebungsbedingungen im Feld ein erhöhtes Risiko von Fehlinterpretationen von Schwingungssignalen, wie sie beispielsweise für das Condition Monitoring von Wälzlagern verwendet werden, bedeuten. Diese Fehlinterpretationen führen entweder dazu, dass fälschlicherweise Warnmeldungen ausgegeben werden oder kritische Schäden unerkannt bleiben und zu Ausfällen mit hohen Folgekosten führen.

Für mobile Arbeitsmaschinen wird deshalb empfohlen, eine belastungsabhängige Instandhaltung vorzusehen. Dadurch ist es theoretisch möglich, aus den äußeren Belastungen auf die einzelnen Komponenten eine statistische Restlebensdauer bzw. eine empfohlene Restbetriebszeit bis zur Wartung oder dem Tausch der betroffenen Teile anzugeben. Zu diesem Zweck sind Klassierverfahren erforderlich, um die gesamte Maschinenbetriebszeit in geeigneter Weise auf herkömmlichen Steuergeräten mit geringem Speichervolumen abzuspeichern. Für die Auswahl von Klassierverfahren wird eine Vorgehensweise auf Basis des Contact & Channel Modells (C&C-M) vorgestellt. Durch Verwendung des C&C–M ist eine geeignete Basis für den Funktionszusammenhang der einzelnen Komponenten mit den daraus resultierenden Beanspruchungen möglich und es lassen sich geeignete Klassierverfahren zur Erfassung der Beanspruchung ableiten.

Eine gezielte Angabe einer statistischen Restlebensdauer aus der Beanspruchung ist für die Leitstützstrukturen der Bauteile möglich. Die Restlebensdauer von Wirkflächen anhand der äußeren Belastungen erfordert weitere Aktivitäten der Grundlagenforschung, um geeignete Schadensakkumulationshypothesen für tribologische Kontakte bereitzustellen.

Ein weiterer Punkt zur Steigerung der Verfügbarkeit ist ein geeignetes Fehlermanagement für die Komponenten der Arbeitsmaschine. Für die Verstelleinheit der Axialkolbenpumpe wird ein Fehleridentifikationsverfahren vorgeschlagen, wodurch ohne zusätzliche Sensorik die Verfügbarkeit einer mechatronisch geregelten Axialkolbenpumpe dezentral gesteigert wird. Dadurch ist es dem übergeordneten Steuergerät möglich, in Abhängigkeit der Fehlerursachen im System geeignete Notbetriebsmodi einzuleiten, ohne dass die Maschine abgeschaltet werden muss. Die zu betrachtenden Fehlerursachen resultieren aus einer System-FMEA. Als Maßnahme bei der Entwicklung auf Basis einer FMEA ist es erforderlich, die tatsächlich im Feld, mit entsprechend hohem Restrisiko zu erwartenden Fehlerursachen, mit geeigneten Maßnahmen zu überwachen.

Im Gegensatz zu konventionellen Verfahren der Fehlererkennung ist es mit einem Verfahren zur Fehleridentifikation – wie in dieser Arbeit beschrieben – möglich, die Fehlerursache zu identifizieren. Die Verfügbarkeit bestimmter Funktionen in der gesamten Arbeitsmaschine kann nun ursachenbezogen genau so weit eingeschränkt werden, wie aufgrund der Sicherheitsanforderung nötig.

A. Anhang

Die Grundhypothesen des C&C–M nach [69]:

Grundhypothese I
Jedes Grundelement eines technischen Systems erfüllt seine Funktion durch eine Wechselwirkung mit mindestens einem anderen Grundelement. Die eigentliche Funktion – und damit die gewünschte Wirkung – wird erst durch den Kontakt einer Fläche mit einer anderen Fläche möglich. Diese Flächen sind Wirkflächen und bilden zusammen ein Wirkflächenpaar.

Grundhypothese II
Die Funktion eines technischen Systems oder eines technischen Teilsystems wird grundsätzlich über mindestens zwei Wirkflächenpaare und eine sie verbindende Leitstützstruktur verwirklicht. Funktionsbestimmend sind dabei allein die Eigenschaften und Wechselwirkungen der beiden Wirkflächenpaare und der sie verbindenden Leitstützstruktur.

Grundhypothese III
Jedes System, das Funktionen erfüllt, besteht aus den Grundelementen Wirkflächenpaar und Leitstützstruktur, die in beliebiger Anzahl, Anordnung und Form auftreten können. Ein Wirkflächenpaar setzt sich aus genau zwei Wirkflächen zusammen.

Tab. A.1.: Ableitbarkeit der Klassierverfahren untereinander

	Einfache Klassierung nach Zeitanteilen	Verbundklassierung nach Zeitanteilen	Maximalwertspeicherverfahren	Verweildauerverfahren	Spitzenwertverfahren I	Spitzenwertverfahren II	Spitzenwertverfahren III	Klassendurchgangsverfahren	Spannenverfahren	Spannen-Mittelwert-Verfahren	Spannenpaarverfahren	Rainflow	Von-Bis-Zählung	Bereichspaar-Mittelwert-Zählung
Einfache Klassierung nach Zeitanteilen		✓	✓	1[c]										
Verbundklassierung	✓[a]													
Maximalwertspeicherverfahren	✓													
Verweildauerverfahren	✓[b]													
Spitzenwertverfahren I				✓										
Spitzenwertverfahren II							✓	✓[d]	✓			✓	✓ [107]	✓
Spitzenwertverfahren III								1[e]	✓			✓	✓ [107]	✓
Klassendurchgangsverfahren									✓			✓	✓ [107]	✓
Spannenverfahren										✓[f]			✓ [107]	
Spannen-Mittelwert-Verfahren													✓ [107]	
Spannenpaarverfahren												✓	✓	✓
Rainflow													✓	✓
Von-Bis-Zählung														✓
Bereichspaar-Mittelwert-Zählung														

[a] bei sehr kurzer Abtastrate
[b] bei sehr kurzer Abtastrate
[c] bei sehr kurzer Abtastrate
[d] statistisch reproduzierbar nach [14]
[e] statistisch reproduzierbar nach [14]
[f] statistisch reproduzierbar nach [14]

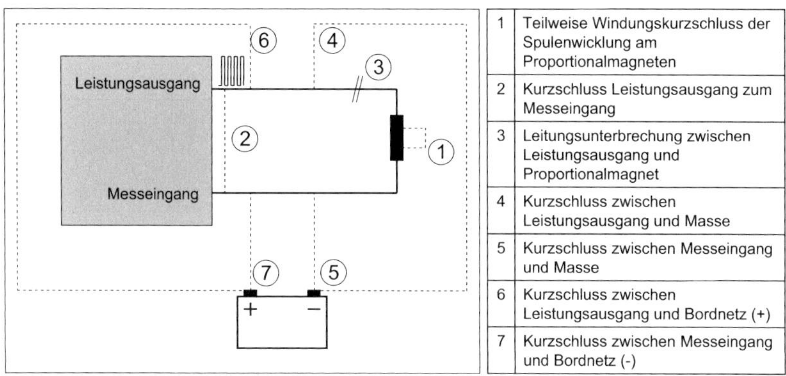

1	Teilweise Windungskurzschluss der Spulenwicklung am Proportionalmagneten
2	Kurzschluss Leistungsausgang zum Messeingang
3	Leitungsunterbrechung zwischen Leistungsausgang und Proportionalmagnet
4	Kurzschluss zwischen Leistungsausgang und Masse
5	Kurzschluss zwischen Messeingang und Masse
6	Kurzschluss zwischen Leistungsausgang und Bordnetz (+)
7	Kurzschluss zwischen Messeingang und Bordnetz (-)

Abb. A.1.: Fehler der Elektrik an den Proportionalmagneten

Abbildungsverzeichnis

Tabellenverzeichnis

Literaturverzeichnis

[1]   ALANEN, Jarmo ; HAATAJA, Kari ; LAURILA, Otto ; PELTOLA, Jukka ; AHO, Isto: VTT Research Notes 2343: Dianostics of mobile work machines / VTT Technical Reserarch Centre of Finland. 2006. – Forschungsbericht

[2]   ALBERS, A. ; ALINK, T ; THAU, S. ; MATTHIESEN, S.: Support of design engineering activity through C&CM - temporal decomposition of design problems. In: *Proceedings of the International Design Conference 2008.* Dubrovnik – Croatia, 2008

[3]   ALBERS, A. ; MATTHIESEN, S.: Konstruktionsmethodisches Grundmodell zum Zusammenhang von Gestalt und Funktion technischer Systeme – das Elementmodell „Wirkflächenpaare & Leitstützstrukturen'" zur Analyse und Synthese technischer Systeme. In: *Konstruktion, Zeitschrift für Produktentwicklung* 54, Heft 7/8 (2002), S. 9

[4]   ANDERS, I. ; GEROPP, B.: Überwachung von Großgetrieben mittels Schwingungsdiagnose. In: *Antriebstechnik* 12 (2003), S. 32 – 34

[5]   ANGELI, C.: An online expert system for fault diagnosis in hydraulic systems. In: *Expert Systems* 16 (1999), S. 115 – 120

[6]   ANGELI, C.: Modelling for an expert system and a parameter validation. In: *Expert Systems* 19 (2002), S. 285 – 294

[7]   ANGELI, C.: Prediction and diagnosis of faults in hydraulic systems. In: *Proceedings of the Institution of Mechanical Engineers – Part B – Engineering Manufacture* 216 (2002)

[8]   ANGELI, Chrissanthi ; ATHERTON, Derek: A Model-Based Method for an online diagnostic knowledge-based System. In: *Expert Systems* 18 (2001), S. 150 – 158

[9]   ASSOCIATES, K & K.: *Thermal Network Modeling Handbook 10141*. St Nelson Westminster, 2000

[10]   ATKINS, Peter W. ; DE PAULA, Julio ; BÄR, Michael (Hrsg.) ; SCHLEITZER, Anna (Hrsg.) ; HEINISCH, Carsten (Hrsg.): *Physikalische Chemie*. Wiley-VCH, 2006

[11]   AUERBACH, Peter: *Zur Beanspruchung und Lebensdauer raumgängiger Gleitketten aus Kunststoffen*, Technische Universität Chemnitz, Diss., 2006

[12]   BARTH, C ; MEINDORF, Th. ; WEIK, D.: Online Condition Monitoring – Ein Weg zur Steigerung der Zuverlässigkeit fluidtechnischer Anlagen und Systeme. In: *Fluid* 3 (2007), S. 10 – 12

[13]   BERGER, C. ; EULITZ, K.-G. ; HEULER, P. ; KOTE, K.-L. ; NAUNDORF, H. ; SCHUETZ, W. ; SONSINO, C.M. ; WIMMER, A. ; ZENNER, H.: Betriebsfestigkeit in Germany – an overview. In: *International Journal of Fatigue* 24 (2002), S. 603 – 625

[14]   BERTSCHE, Bernd ; LECHNER, Gisbert: *Zuverlässigkeit im Fahrzeug- und Maschinenbau : Ermittlung von Bauteil- und System-Zuverlässigkeiten*. 3., überarb. u. erw. Aufl. Berlin : Springer, 2004. – ISBN 3–540–20871–2

[15]   BOOG, Manuel: Sicherheit hydrostatischer Fahrantriebspumpen. In: *Erstes Symposium der Bosch Rexroth Doktoranden*, 2007

[16]   BORT, Peter: Condition-Monitoring am Beispiel Windenantriebe. In: *Mobile 2006* Bosch Rexroth AG, 2006

[17]   BRÜCKNER-FOIT, Angelika: *Skriptum zur Vorlesung Qualitätssicherung an der Universität Kassel*. `http://www.uni-kassel.de/fb15/ifw/qualitaet/qveroeff/vorlesung-zuverlaessigkeit/`. Version: 2001. – `http://www.uni-kassel.de/fb15/ifw/qualitaet/qveroeff/vorlesung-zuverlaessigkeit/` (Februar 2008)

[18]   BREDAU, Jan: Individuelle Diagnosetiefe in der Pneumatik - Hersteller von Subsystemen liefern Daten für moderne Maschinenkonzepte. In: *Intelligent Produzieren* 1 (2007), S. 14 – 15

[19] BUCK, G.: Eine Berechnungsmethode für die lebensdauerorientierte Dimensionierung von Schleppertriebwerken und Achsen. In: *Grundl. der Landtechnik 33* (1983)

[20] BUXBAUM, Otto: *Betriebsfestigkeit: sichere und wirtschaftliche Bemessung schwingbruchgefährdeter Bauteile.* 2., erw. Aufl. Düsseldorf : Verl. Stahleisen, 1992. – ISBN 3–514–00437–4. – Literaturangaben

[21] CASEY, Brendan: *Preventing Hydraulic Failures.* HydraulicSupermarket.com, 2004

[22] CATERPILLAR (Hrsg.): *Produktbeschreibung 963C Kettenlader.* Caterpillar, 10 2003. – `http://www.zeppelin.com/pdfdnld/963C.pdf` (Februar 2008)

[23] CHEN, Jie ; PATTON, Ron J.: *Robust model based fault diagnosis for dynamic systems.* Boston [u.a.] : Kluwer, 1999 (Kluwer international series on Asian studies in computer and information science ; 3). – ISBN 0–7923–8411–3

[24] CORTEN, H. T. ; DOLAN, T. I.: Cumulative Fatigue Damage. In: *International Conference on Fatigue of Metals* I.M.E., 1956

[25] DENKENA, B. ; BERGER, J. ; BLÜMEL, P.: Instandhaltung mit nichtlinearer Dynamik. In: *wt Werkstattstechnik online 93* 10 (2003), S. 710 – 714

[26] DEUTSCHES INSTITUT FÜR NORMUNG (Hrsg.): *DIN45667 Klassierverfahren für das Erfassen regelloser Schwingungen.* Deutsches Institut für Normung, 1969

[27] DEUTSCHES INSTITUT FÜR NORMUNG (Hrsg.): *DIN3990 Teil 2 – Tragfähigkeitsberechnung von Stirnrädern – Berechnun der Grübchentragfähigkeit.* Deutsches Institut für Normung, 1987

[28] DEUTSCHES INSTITUT FÜR NORMUNG (Hrsg.): *DIN 40 041 – Zuverlässigkeit; Begriffe.* Deutsches Institut für Normung, 1990

[29] DEUTSCHES INSTITUT FÜR NORMUNG (Hrsg.): *DIN 3990 Teil 6: Tragfähigkeitsberechnung von Stirnrädern – Betriebsfestigkeitsrechnung.* Deutsches Institut für Normung, 1994

[30] DEUTSCHES INSTITUT FÜR NORMUNG (Hrsg.): *DIN 3996 – Tragfähigkeitsberechnung von ZylinderSchneckengetrieben mit sich rechtwinklig kreuzenden Achsen –Entwurf.* Deutsches Institut für Normung, 2005

[31] DEUTSCHES INSTITUT FÜR NORMUNG (Hrsg.): *DIN EN ISO 13849-1 – Sicherheit von Maschinen – Sicherheitsbezogene Teile von Steuerungen – Teil 1: Allgemeine Gestaltungsleitsätze (ISO 13849-1:2006); Deutsche Fassung.* Deutsches Institut für Normung, 2008

[32] DIETSCHE, Karl-Heinz: *Sensoren im Kraftfahrzeug.* Robert Bosch GmbH, 2007

[33] DONAT, B.: *Lebensdauerberechnung nach dem Folge-Wöhlerkurven-Konzept bei Mehrstufen- und Random-Schwingbeanspruchung*, TU München, Diss., 1988

[34] DOWNING, S.D. ; SOCIE, D.F.: Simple rainflow counting algorithms. In: *International Journal of Fatigue* 4 (1982), S. 31 – 40

[35] FACKLER, I.: Hydraulik ist heute sicher, suber und sparsam. In: *Fluid* 10 (2008), S. 3–6

[36] *Kapitel* Analysis of Irregular Loading Histories for the SAE Biaxial Fatigue Program. In: FASH, J.W. ; CONLE, F.A. ; MINTER, G.L.: *Multiaxial Fatigue – Analysis and Experiments.* Society of Automotive Engineers, Inc., 1989, S. 33–59

[37] FECHT, Nikolaus: Hydraulisch elegant statt mechanisch. In: *Fluid* 1 (2009), S. 20 – 23

[38] FEICHT, F.: Einflussgrößen und Ausfallursachen für die Lebensdauer von Hydraulikanlagen. In: *Ölhydraulik und Pneumatik* 20 (1976), S. 12 – 14

[39] FINDEISEN, Dietmar (Hrsg.): *Ölhydraulik – Handbuch für die hydrostatische Leistungsübertragung in der Fluidtechnik.* 5., neu bearbeitete Auflage. Springer-Verlag Berlin Heidelberg, 2006 (VDI-Buch). – ISBN 978–3–540–30967–3

[40] FLEISCHER, J. ; SCHOPP, M.: Lebenszyklusoptimierte Antriebslösungen auf Basis eines Sensor-Getriebes. In: *Konstruktion - spezial Antriebstechnik* 1 (2008), S. 17 – 20

[41] FÜLLER, Herbert (Hrsg.): *Qualitätsmanagement in der Automobilindustrie – Sicherung der Qualität in der Prozesslandschaft.* Verband der Automobilindustrie e.V. (VDA), 2010

[42] FORSCHUNGSKURATORIUM MASCHINENBAU FKM (Hrsg.): *Bericht zum FKM-Forschungsvorhaben 12043: Lebensdauerberechnung mehraxial.* Forschungskuratorium Maschinenbau FKM, 2002

[43] *Kapitel* Diagnoseentwicklungsmethodik am Beispiel Dieselsysteme. In: FRITZ, Martin ; HACKNER, Michael ; LEHLE, Walter ; WILLIMOWSKI, Markus: *Diagnose in mechatronsichen Fahrzeugsystemen.* Bäker, Bernd and Unger, Andreas, 2008, S. 5 – 22

[44] GEROPP, Bernd: Die Feuerwehrstrategie ist Vergangenheit - Maschinenschäden frühzeitig und zuverlässig erkennen durch Online-Condition-Monitoring. In: *Intelligent Produzieren* 1 (2007), S. 5 – 7

[45] GRIESING, A. ; OEFINGER, B. ; KOKES, M.: Schadensfrüherkennung ausfallkritischer Komponenten von Nutzfahrzeugen auf Basis von statistisch abgesicherten Lastkollektiven. In: *VDI Berichte Nr. 1971.* VDI Verlag Düsseldorf, 2007

[46] GROTE, Karl-Heinrich ; FELDHUSEN, Jörg: *Dubbel – Taschenbuch für den Maschinenbau.* Zweiundzwanzigste, neubearbeitete und erweiterte Auflage. Berlin, Heidelberg, 2007

[47] GROTHAUS, Hans-Peter: Dienstleistungsangebote für mobile Arbeitsmaschinen. In: *Abschlussworkshop DAMIT,* 2009

[48] GUDEHUS, Helmut (Hrsg.): *Leitfaden für eine Betriebsfestigkeitsrechnung – Empfehlung zur Lebensdauerabschätzung von Maschinenbauteilen.* 4. Auflage., korr. Nachdr. Düsseldorf : Verl. Stahleisen, 2000. – ISBN 3–514–00584–2

[49] GUO, Yong: *Algorithmen zur On-Board-Diagnose von Fahrwerksschäden an Schienenfahrzeugen,* Universität Berlin, Diss., 2005

[50] GUTMANN, Martin: *Entwicklung einer methodischen Vorgehensweise zur Diagnose von hydraullischen Produktionsmaschinen,* Universität Karlsruhe (TH), Diss., 2005

[51]   HACKE, Brit ; REIMERS, Ernst ; HOFMANN, Götz: Alles auf den Prüfstand –
Neue Wege im Condition Monitoring. In: *Antriebstechnik* 12 (2007), S. 40 – 42

[52]   HAIBACH, Erwin (Hrsg.): *Betriebsfestigkeit – Verfahren und Daten zur Bauteil-
berechnung.* 3., korrigierte und ergänzte Auflage. Springer-Verlag Berlin Heidelberg, 2006 (VDI-Buch). – ISBN 978–3–540–29364–4

[53]   HART, A.: *Knowledge Aquisition for Expert Systems.* McGraw Hill, 1992

[54]   HIRSCHMANN, Dirk ; TISSEN, Dietmar ; SCHRÖDER, Stefan ; DE DONCKER,
Rik W.: Reliability Prediction for Inverters in Hybrid Electrical Vehicles. In:
IEEE Transactions on Power Electronics 22 (2007), S. 2511 – 2517

[55]   ISERMANN, Rolf: *Fault-Diagnosis Systems – An Introduction from Fault Detection to Fault tolerance.* Berlin : Springer, 2006. – ISBN 3–540–24112–4

[56]   IVANTYSYN, Jaroslav ; IVANTYSYNOVA, Monika: *Hydrostatische Pumpen und
Motoren – Konstruktion und Berechnung.* 1. Aufl. Würzburg : Vogel, 1993
(Vogel-Fachbuch). – ISBN 3–8023–0497–7

[57]   JACOBS, Georg: *Verschleißverhalten hydraulischer Pumpen und Ventile beim
Betrieb mit feststoffverschmutztem Öl*, RWTH Aachen, Diss., 1993

[58]   JESCHOR, Maik: *Ein neues Verfahren zur Bewertung von Runflat-Reifen – ein
Beitrag auf dem Weg zum reserveradlosen PKW*, Technische Universität Dresden,
Diss., 2005

[59]   KIMMRICH, Frank: *Modellbasierte Fehlererkennung und Diagnose der Einspritzung und Verbrennung von Dieselmotoren*, TU Darmstadt, Diss., 2004

[60]   KIRCHNER, Eckhard: *Leistungsübertragung in Fahrzeuggetrieben.* Springer Berlin Heidelberg, 2007

[61]   KLEY, Markus: *Einflüsse   auf   die   Lebensdauer   von   Bus-
Automatikgetriebehäusen*, Universität Stuttgart, Diss., 2004

[62]   KRALLMANN, Jens: *Einsatz eines Multisensors für ein Condition-Monitoring
von mobilen Arbeitsmaschinen*, TU Braunschweig, Diss., 2005

[63] KRIEGER, O. ; BREUER, A. ; LANGE, K. ; MÜLLER, T. ; FORM, T.: Wahrscheinlichkeitsbasierte Fahrzeugdiagnose auf Basis individuell generierter Prüfabläufe. In: *Mechatronik 2007 – Innovative Produktentwicklung*, VDI Verlag GmbH, 2007, S. 235 – 248

[64] KUNZ, Michael: *Ermittlung des Einflusses fahrzeug-, fahrer- und verkehrsspezifischer Parameter auf die Getriebelastkollektive mittels Fahrsimulation*, Universität Stuttgart, Diss., 2002

[65] KUNZE, Günther: *Methode zur Bestimmung von Normlastkollektiven für Bau- und Fördermaschinen*. Internetseite, 2005. – WISSENSPORTAL baumaschine.de

[66] LANGEN, Hans-Jürgen: *Einsatz der Körperschallmessmethode zur Schadensführerkennung an Verdrängereinheiten*, RWTH Aachen, Diss., 1986

[67] LEHNER, S.: *Verschleißwechselwirkungen in hydraulischen Komponenten durch Festkörperverschmutzung des Druckmediums*, RWTH Aachen, Diss., 1996

[68] MARTINUS, Marcus: *Funktionale Sicherheit von mechatronischen Systemen bei mobilen Arbeitsmaschinen*, TU München, Diss., 2004

[69] MATTHIESEN, Sven: *Ein Beitrag zur Basisdefinition des Elementmodells "Wirkflächenpaare & Leitstützstrukturen" zum Zusammenhang von Funktion und Gestalt technischer Systeme*, Universität Karlsruhe (TH), Diss., 2002

[70] MINER, M. A.: Cumulative Fatigue Damage. In: *Journal of Applied Mechanics* 12 (1945), S. 159–164

[71] MÜNCHHOF, Marco: *Model-Based Fault Detection for a Hydraulic Servo Axis*, Institut für Automatisierungstechnik, TU Darmstadt, Diss., 2006

[72] MOSELER, Olaf: *Mikrocontrollerbasierte Fehlerkennung für mechatronische Komponenten am Beispiel eines elektromechanischen Stellantriebs*, TU Darmstadt, Diss., 2001

[73] MURAKAMI, Taku ; SAIGO, Takaichi ; OHKURA, Yasunori ; OKAWA, Yukio: Development of Vehicle Health Monitoring System for Large-Sized Construction Machine. In: *Komatsu Technical Report* 48 No. 150 (2002)

[74] MURRENHOF, Hubertus ; MURRENHOF, Hubertus (Hrsg.): *Grundlagen der Fluidtechnik*. IFAS Aachen, 2005

[75] NAUNHEIMER, Harald (Hrsg.) ; BERTSCHE, Bernd (Hrsg.) ; LECHNER, Gisbert (Hrsg.): *Fahrzeuggetriebe – Grundlagen, Auslegung, Konstruktion*. 2. Berlin, Heidelberg : Springer-Verlag, 2007. – ISBN 978–3–540–30670–2

[76] NEVOIGT, Andreas: *Untersuchung der tribologischen Eigenschaften beschichteter Bauteile in Hydraulikzylindern und Axialkolbenmaschinen*, RWTH Aachen, Diss., 2000

[77] N.N.: *Qualitätsmanagement in der Automobilindustrie: Zuverlässigkeits-Methoden und -Hilfsmittel*. Verband der Automobilindustrie e.V. (VDA), 2000

[78] N.N.: *Brockhaus – die Enzyklopädie*. 21. völlig neu bearb. Auflage. Leipzig : F. A. Brockhaus, 2002 - 2007

[79] N.N.: Intelligent Maintenance. In: *Elektro Automation* 07 (2005), 13. `http://www2.ehttp://www2.ea-online.de/ea/live/fachartikelarchiv/ha_artikel/detail/30459379.htmla-online.de/ea/live/fachartikelarchiv/ha_artikel/detail/30459379.html`

[80] N.N.: Zentral vs. dezentral. Entscheidungshilfen für Antriebskonzepte. In: *Elektrotechnik – Das Automatisierungs-Magazin* 90 Heft 4 (2008), S. 92 – 94

[81] OPPERMANN, Michael: *A New Approach for Failure Prediction in Mobile Hydraulic Systems*, Universität Hamburg, Diss., 2007

[82] PALMGREN, A.: Die Lebensdauer von Kugellagern. In: *VDI Zeitschrift* 68 (1924), S. 339–341

[83] PETER, F.: Langzeitbeanspruchung von Bauteilen im Anstriebsstrang – Abschlussbericht zum Forschungsvorhaben 203/II, Forschungsheft 515 / FVA Forschungsvereinigung Antriebstechnik E.V. 1997. – Forschungsbericht

[84] PETER, Harald Frank; Z. Frank; Zenner: Lastkollektive zuverlässig ermitteln – Eine Methode zur sicheren Langzeitmessung am Beispiel eines Shredders. In: *Materialprüfung* 41 No. 7 - 8 (1999), S. 301 – 306

[85] PUSTAN, David ; WILDE, Jürgen: Belastungsanalyse elektronischer Systeme. In: *Technisches Messen* 75 (2008)

[86] RADEV, T.: Methode zur Ermittlung des Anwendungsfaktors K_A für Zahnräder – Abschlussbericht – / FVA. 2005 (Forschungsvorhaben Nr. 433). – Forschungsbericht

[87] RAMDÉN, Theresia: *Condition Monitoring and Fault Diagnosis of Fluid Power Systems Approches With Neural Networks and Parameter Identification*, Linköping University, Diss., 1998

[88] *Kapitel* Bereichsübergreifender Entwicklungsprozess zur Beherrschung der Fahrzeugelektronik. In: REICH, Andreas: *Diagnose in mechatronsichen Fahrzeugsystemen.* Bäker, Bernd and Unger, Andreas, 2008, S. 23 – 33

[89] REICHEL, Ina: Maschine detektiert kritische Zustände vor einem Ausfall. In: *VDI Nachrichten* 35 (2008), S. 13

[90] REIF, Konrad ; VERLAG, Vieweg+Teubner (Hrsg.): *Automobilelektronik – Eine Einführung für Ingenieure.* ATZ-MTZ Fachbuch, 2007

[91] RENIUS, Karl T.: *Last- und Fahrgeschwindigkeitskollektive als Dimensionierungsgrundlagen für die Fahrgetriebe von Ackerschleppern.* VDI Verlag Düsseldorf, 1976

[92] RESCH, Rainer: *Leistungsverzweigte Mehrbereichsfahrantriebe mit Kettenwandlern*, TU München, Diss., 2004

[93] SCHLUTER, L. L.: *Programmers guide for LIFE2 Rainflow Counting Algorithm.* 1991

[94] SCHULTE, Horst: Robuster Beobachterentwurf für Takagi-Sugeno Fuzzy Systeme zur Überwachung hydrostatischer Fahrantriebe. In: KARLSRUHE, Universitätsverlag (Hrsg.): *Proceedings 18. Workshop Computational Intelligence*, 2008 (Schriftenreihe des Instituts für Angewandte Informatik / Automatisierungstechnik an der Universität Karlsruhe (TH)), S. 90 – 104

[95] *Kapitel* Diagnose als Kernprozess der Fahrzeugentwicklung. In: SCHULZ, Thors-

ten ; SCHMITT, Gerhard: *Diagnose in mechatronsichen Fahrzeugsystemen*. Bäker, Bernd and Unger, Andreas, 2008, S. 1–4

[96] SCHUSTER, Udo: BIA Report 6/2004 – Untersuchung des Alterungsprozesses von hydraulischen Ventilen / Berufsgenossenschaftliches Institut für Arbeitsschutz –. 2004. – Forschungsbericht

[97] SCHWENKEN, Ulrich: *Eine Methode zur Fehlerbewertung und zur adaptiven Motorleistungsbegrenzung auf Basis einer modellbasierten Diagnose am Beispiel eines PKW-Kühlsystems*, Ruhr-Universität Bochum, Diss., 2006

[98] SCHWIENBACHER, S.: Schadensrisikominderung – Berücksichtigung von Sondereignissen bei der Zahnfußtragfähigkeit / Forschungsvereinigung Antriebstechnik E.V. Abschlussbericht zum Forschungsvorhaben 374, Forschungsheft 725. 2004. – Forschungsbericht

[99] SCHYR, Christian: *Modellbasierte Methoden für die Validierungsphase im Produktentwicklungsprozess mechatronischer Systeme am Beispiel der Antriebsstrangentwicklung*, Universität Karlsruhe (TH), Diss., 2006

[100] SONSINO, C.M.: *Betriebsfestigkeit – Eine Einführung – Vorlesung Werkstoff- und Bauteilfestigkeit an der TU Darmstadt*. – `http://www.szm.tu-darmstadt.de/de/downloads/Betriebsfestigkeit_Eine%20Einfuehrung.pdf` (Feb. 2008)

[101] STAMMEN, Christian: *Condition Monitoring für intelligente hydraulische Linearantriebe*, RWTH Aachen, Diss., 2005

[102] SUCHANDT, Th.: Zahnfuß-Betriebsfestigkeitsuntersuchungen an einsatzgehärteten Stirnrädern, Abschlussbericht, FVA-Forschungsheft 408 / Forschungvereinigung Antriebstechnik e. V. 1993. – Forschungsbericht

[103] TORIKKA, Tapio ; EICHNER, Wilfried ; GOTTFRIED, Markus ; STOLL, Sorn: Frühzeitige Verschleiß- und Fehlererkennung – Condition Monitoring an Axialkolbenmaschinen. In: *O+P –Zeitschrift für Fluidtechnik* 7 (2009), S. 297 – 299

[104] VAHLENSIECK, Bernd: *Messung und Anwendung von Lastkollektiven für einen stufenlosen Kettenwandler-Traktorfahrantrieb*, TU München, Diss., 1999

[105] VEREIN DEUTSCHER INGENIEURE (Hrsg.): *VDI Richtlinie 3822 – Schadens-analyse Blatt 1 - 5*. 2004

[106] VOLVO CONSTRUCTION EQUIPMENT - EUROPA: *MATRIS - damit Sie die Maschine und die Kosten im Griff haben.* – http://www.volvo.com/ constructionequipment/europe/de-de/partsservice/maintenance/ MATRIS.htm (Feb. 2008)

[107] WESTERMANN-FRIEDRICH, A. ; ZENNER, H.: Zählverfahren zur Bildung von Kollektiven aus Zeitfunktionen – Vergleich der verschiedenen Verfahren und Bei-spiele – FVA Merkblatt 0/14 / Institut für Hüttenmaschinen und Manuelle An-lagentechnik der TZU Clausthal. 1988. – Forschungsbericht. – unter Mitarbeit des FVA-Arbeitskreises "Lastkollektive"

[108] WIRTH, R.: Vollautomatische Diagnose an mechanischen Antrieben. In: *An-triebstechnik* 42 (2003), S. 26–30

[109] WIRTH, R.: Entwicklungstendenzen zur vollautomatischen Diagnose von Getrie-beschäden. In: *VDI Berichte* 1826 (2004), S. 117 – 134

[110] WOHLERS, Alexander ; ARSHIA, Fatemi: Simulation tribologischer Kontakte –Zur Wirkungsgradoptimierung hydrostatischer Verdrängereinheiten. In: *O+P –Zeitschrift für Fluidtechnik* 4 (2008), S. 156 – 159

[111] WOLFRAM, A.: *Komponentenbasierte Fehlerdiagnose industrieller Anlagen am Beispiel frequenzumrichtergespeister Asynchronmaschinen und Kreiselpumpen*, TU Darmstadt, Diss., 2002

[112] WOLTERS, K. ; SÖFFKER, D.: Diagnoseverfahren und Notlaufkonzepte me-chatronsicher Systeme - Abschlussbericht zum Forschungsvorhaben 408 / For-schungsvereinigung Antriebstechnik. 2004. – Forschungsbericht

[113] ZHANG, J. ; W., Drinkwater B. ; S.:, Dwyer-Joyce R.: Monitoring of Lubricant Film Failure in a Ball Bearing. In: *Transactions of the ASME* 128 (2006), S. 612 – 618

Karlsruher Schriftenreihe Fahrzeugsystemtechnik
(ISSN 1869-6058)

Herausgeber: FAST Institut für Fahrzeugsystemtechnik

**Die Bände sind unter www.ksp.kit.edu als PDF frei verfügbar oder
als Druckausgabe bestellbar.**

Band 1   Urs Wiesel
Hybrides Lenksystem zur Kraftstoffeinsprung im schweren Nutzfahrzeug.
2010
ISBN 978-3-86644-456-0

Band 2   Andreas Huber
**Ermittlung von prozessabhängigen Lastkollektiven eines hydro-
statischen Fahrantriebsstrangs am Beispiel eines Teleskopladers.**
2010
ISBN 978-3-86644-564-2

Band 3   Maurice Bliesener
**Optimierung der Betriebsführung mobiler Arbeitsmaschinen.
Ansatz für ein Gesamtmaschinenmanagement.**
2010
ISBN 978-3-86644-536-9

Band 4   Manuel Boog
**Steigerung der Verfügbarkeit mobiler Arbeitsmaschinen
durch Betriebslasterfassung und Fehleridentifikation
an hydrostatischen Verdrängereinheiten**
2011
ISBN 978-3-86644-600-7